N° 141

BIBLIOTHÈQUE
DE L'ÉCOLE DU GÉNIE CIVIL

Publiée sous la direction de M. J. GALOPIN

COURS THÉORIQUE d'Agriculture Générale

M. REYNES, Professeur
Ancien Élève diplômé des Écoles d'Agriculture

ÉDITION ET PROPRIÉTÉ DE L'ÉCOLE DU GÉNIE CIVIL
152, Avenue de Wagram - PARIS (17e)
Téléphone Wagram 27.97

*Auxquels prépare par correspondance l'***École du Génie Civil**

Écoles Spéciales et Examens Particuliers

L'École prépare à toutes les Écoles spéciales suivantes : Écoles de Navigation, Écoles d'Arts et Métiers, Écoles des Mécaniciens de Brest, Toulon et Lorient, Instituts techniques spéciaux, École supérieure d'Électricité, École supérieure d'Aéronautique, École Centrale, École de Physique et Chimie, etc.

Préparations spéciales à tous les examens des Douanes, des Postes, des Ministères, des Chemins de fer, Préparation spéciale aux Brevets simple, supérieur de l'Enseignement primaire, ainsi qu'aux divers Baccalauréats, Certificats, Licences.

Industrie

Préparation à tous les grades (Contremaîtres, Conducteurs, Sous-Ingénieurs et Ingénieurs), pour la Mécanique, l'Électricité, les Mines, les Travaux publics, etc.

Mécaniciens pour Usines et Ateliers ; Électriciens. — Chefs mécaniciens. — Conducteurs électriciens. — Ingénieurs et Dessinateurs industriels. — Contremaîtres et Chefs d'ateliers. — Ingénieurs et Sous-Ingénieurs.

Cours spéciaux de Contremaîtres, Dessinateurs et Ingénieurs des Constructions navales.

Marine de Guerre

Matelot élève mécanicien ; Quartier-maître mécanicien ; Brevet élémentaire de mécanicien ; Cours du brevet supérieur de Mécanicien-électricien, etc. ; Admission au cours des élèves-officiers (machine et pont) ; Examen direct pour le grade de mécanicien principal ; Examen de quartier-maître préparatoires à l'examen d'élève-officier de vaisseau ; Obtention du grade d'officier électricien et d'officier des autres spécialités ; Écoles techniques élémentaire et supérieure des arsenaux ; Commis de la marine ; Commissaires et Administrateurs de l'Inscription maritime ; Écoles navales et du Génie maritime ; Ingénieurs d'Artillerie navale ; Agents et Officiers des Travaux hydrauliques.

Marine de Commerce

Brevets de capitaines au Bornage, au Cabotage et au Long cours ; Brevet pratique de mécanicien pour machines à vapeur ; Brevet pratique de mécanicien pour autres moteurs ; Brevet d'officier mécanicien de 2e classe ; Brevet d'officier mécanicien de 1re classe ; Brevet d'élève officier mécanicien ; Emplois d'électriciens dans les grandes Compagnies ; Emplois d'élèves mécaniciens.

Armée

Officiers du service aéronautique. — Officiers mécaniciens. — Saint-Maixent. — Vincennes. — Saumur. Versailles. — Dessinateurs de l'Armée. — Aspirants de toutes armes. — Saint-Cyr. — Polytechnique, etc.

Administrations

Adjoints techniques, Dessinateurs et Mécaniciens des Ponts et Chaussées. — Agents et Sous-Agents techniques des Poudres et Salpêtres. — Mécaniciens électriciens, Dessinateurs de la voie et de la traction, Piqueurs, Emplois divers des Chemins de fer. — Mécaniciens et dessinateurs des Postes et Télégraphes, Mécaniciens et Dessinateurs des Manufactures de Tabacs. — Dessinateurs et calqueurs du Ministère de la Guerre, etc.

Préparations Spéciales

Outre sa préparation aux examens ou carrières précités, l'École se tient à la disposition de toutes les personnes n'ayant qu'une ou plusieurs parties à approfondir pour leur faire sur les matières qui les concernent (en tant que celles-ci sont du ressort de ce qu'enseigne l'École), des préparations spéciales à des prix extrêmement avantageux.

En particulier elle a des préparations très suivies de T. S. F., Automobile, Aviation, Langues vivantes, etc.

Elle prépare également à tous les emplois réservés aux anciens sous-officiers.

Cours de Vacances, Cours du Soir, du Dimanche matin, Leçons Particulières

Des cours spéciaux sont organisés à toute époque et pour toutes les matières de nos programmes.

Les cours les plus suivis sont ceux de Mathématiques, Dessins et Croquis industriels appropriés à toutes les spécialités. Cours démonstratifs sur les pièces elles-mêmes des différentes branches techniques.

École du Génie Civil
placée sous le haut patronage de l'État
Cours sur place et par Correspondance

Cours Théorique d'Agriculture Générale

1ère Leçon.

Distribution des eaux.

Il importe de bien connaître le régime des eaux sur une exploitation donnée, pour le corriger si faire se peut, ou adapter les cultures à ce régime dans le cas contraire.

L'atmosphère terrestre contient toujours une quantité importante de vapeur d'eau. Les 9/10 de cette vapeur sont invisibles, l'autre dixième est condensé sous forme de brouillards, de nuages, etc...

Au point de vue de l'humidité, un climat est régi principalement par les vents dominants, c'est-à-dire ceux qui s'y font sentir le plus souvent. Par exemple, les vents marins, qui prédominent en Bretagne, donnent à cette région un climat doux, humide, avec des écarts de température entre l'hiver et l'été beaucoup moins importants que ceux des pays à climat continental, comme l'Est de la France: l'eau est un régulateur de la température.

L'eau contenue dans l'atmosphère peut se manifester de différentes façons, avec des effets favorables ou nuisibles, suivant qu'elle tombe sous forme de pluies, neige, grêle, gelée, rosée, etc.

La rosée est un dépôt de gouttelettes d'eau qui se voit le matin sur les plantes et l[illegible] après une nuit calme : le vent empêche sa formation. Elle se forme par condensation de l'humidité atmosphérique sur les corps refroidis par la nuit.

Pour que la gelée se produise, il faut un certain nombre de conditions dont les principales sont :

1°. Une température avoisinant 0° centigrade.

2°. Un temps calme.

3°. Un ciel clair.

Tout le monde a pu remarquer que la gelée se produit de préférence sur les corps à surface lisse.

La gelée a lieu au Printemps et à l'Automne. Elle est très dangereuse en Avril-Mai, surtout si le printemps a été précoce : les plantes avancées en végétation en souffrent énormément.

Le brouillard est formé de fines particules liquides qui ne sont pas immobiles en l'air, mais tombent très lentement. Suivant la grosseur de ces gouttelettes, on a du brouillard, de la brume, ou de la bruine. Ce phénomène n'a lieu que par temps calme, le moindre vent empêche sa formation. On l'observe le soir, en été, après une journée calme et chaude ; il se traîne au-dessus des rivières, des mares, dans les prairies, etc. En hiver, il se forme par temps calme, après des vents Nord-Est et Sud-Ouest. Le brouillard des villes est surtout composé de vapeurs malodorantes provenant de l'agglomération d'usines et de personnes. C'est le plus malsain.

Le givre est du brouillard congelé.

Les nuages sont du brouillard très fin qui stationne à des hauteurs variables, ou circule au gré des vents.

Par changement brusque de température, les nuages se résolvent en pluie. Les pluies lourdes, orageuses, sont à redouter, car le choc violent des gouttes tasse le sol, et blesse les parties tendres des végétaux. La température des pluies est toujours inférieure à celle du milieu ambiant.

L'eau de pluie n'est pas pure : elle contient des poussières du pollen, des gaz (ozone). Elle a une action bienfaisante en apportant au sol de la fraîcheur, en régularisant la température, en transportant des éléments fertilisants.

Mais elle peut être nuisible, car elle aide à la propagation des mauvaises herbes et des maladies cryptogamiques.

La neige est de la vapeur d'eau qui s'est congelée avant sa précipitation. Elle est plus riche en azote que la pluie. C'est un isolant parfait : elle protège les terres et les jeunes cultures contre les brusques variations de température : elle joue le rôle d'un manteau, et assure aux sources un débit constant, par sa fusion lente.

L'origine de la grêle est mal connue, quoique certainement en rapport avec les grandes perturbations atmosphériques : il n'y a jamais de grêle sans orage. C'est un véritable fléau qui hache les jeunes plantes, tue les jeunes animaux, perdrix, faisans, détruit les nids, brise les pots, cloches, verrières, etc... L'efficacité des fusées paragrêles est très contestée.

L'eau atmosphérique, après sa chute, s'infiltre dans le sol à des profondeurs variables, jusqu'à ce qu'elle ait rencontré une couche imperméable. Si celle-ci est en pente, l'eau s'écoule et apparaît à l'extérieur sous forme de sources, de puits artésiens. Si elle est en cuvette, on a des nappes d'eau souterraines donnant des puits.

Si on observe une carte géologique, on a l'explication du régime des eaux souterraines dans une région donnée : le croquis ci-après explique les puits artésiens du bassin de Paris.

La température de l'eau des puits artésiens est plus élevée que celle du milieu ambiant.

---

(1) croquis en haut de la page 4.

Côte Normande
Bassin de Paris
Champagne
Manche
couche de sables verts imperméables

Le sol arable

C'est la couche continuellement travaillée et fumée par l'homme en vue de la production des plantes utiles.

Sa profondeur est donc limitée à celle des labours.

Par des siècles de culture, de plus en plus perfectionnée et raisonnée, cette couche est devenue meuble, légère, facile à travailler, riche. Au point de vue physique, elle est composée comme suit :

1). La Silice
2). L'Argile
3). Le Calcaire
4). L'Humus.

1). La Silice : encore appelée sable ; provient de l'émiettement des roches siliceuses : quartz, granit, silex, etc... C'est un élément sans consistance, friable, se laissant facilement traverser par l'eau. Il ne noircit pas au contact du feu, et ne bouillonne pas si on l'humecte d'un acide. Ce n'est pas un aliment des plantes. Il ne sert que de support.

2). L'Argile : formée par la division extrême des roches siliceuses et silicatées. Elle forme avec l'eau une pâte liante, qui durcit et se fendille en séchant. Quand elle est mouillée, elle est très malléable (terre glaise, kaolin, fabrication de poteries). Elle ne noircit pas au feu, mais une fois calcinée, elle perd ses propriétés liantes. Elle ne bouillonne pas au contact des acides, et contient souvent des éléments potassiques, aliments des plantes.

3). Le Calcaire : ou carbonate de chaux, provient de l'émiettement des roches calcaires (chaux) il est soluble dans l'eau chargée d'acide carbonique et sert d'aliment aux plantes, en leur fournissant la chaux qu'il contient. Il bouillonne avec les acides, et blanchit au feu en se transformant en chaux. Il rend les terres blanches et décompose vite les engrais.

4). L'humus : vient de la décomposition des matières organiques. Le plus souvent, il est noir. Il noircit au feu et se détruit, mais ne bouillonne pas avec les acides. Il est très riche et contient la plupart des éléments utiles aux plantes.

Suivant qu'une terre contient plus ou moins de l'un des éléments ci-dessus, on dit qu'elle est siliceuse, argileuse, calcaire ou humifère.

Une terre siliceuse se reconnaît à la présence des bruyères et des fougères. Elle convient à l'avoine, au seigle, aux pommes de terre, aux bois résineux.

Une terre argileuse porte à l'état sauvage l'Yèble et la Prêle, encore appelée queue de cheval. Ces terres demandent un travail considérable, car elles sont difficiles à travailler. Sous les climats humides, favorables à la prairie, on mettra du gazon sur ces terres.

Une terre calcaire se reconnaît à la présence du mélampyre et de l'arrête-bœuf. Ce sont d'excellentes terres à vigne (sauf les vignes américaines) à blé, orge, sainfoin, luzerne ; si elles sont peu profondes, on les boisera. Elles produisent dans certains pays, des truffes. (Périgord).

Une terre humifère est souvent marécageuse et acide, car elle se forme dans les endroits bas et mouillés. Une fois drainées, assainies, ce sont d'excellentes terres, faciles à travailler, très riches, produisant des herbages, du colza, du chanvre, du sarrazin, du seigle, etc...

Les meilleures terres à blé sont les terres franches, contenant ces quatre éléments en proportions convenables :

Sable : 50 à 70 %
Argile : 20 à 30 %
Calcaire : 5 à 10 %
Humus : 5 à 10 %

Poids des terres : Varie suivant la composition des terres, leur degré d'humidité, etc ...

Poids du mètre cube de différentes terres :

Sable fin sec : 1400 à 1600 Kgs.

Sable fin humide : 1800 à 1900 kgs.
Terre graveleuse : 1700 à 1.800 "
Terre argileuse : 1500 à 1.600 "
Terre franche : 1300 à 1.500 "
Terreau : ---- 700 à 900 "

Ténacité et adhérence des terres. C'est la résistance qu'elles opposent à se laisser travailler : ces propriétés influent fortement sur le prix de revient de la préparation du terrain.

L'adhérence est plus forte sur le bois que sur le fer, et sur le fer que sur l'acier, c'est pourquoi on a remplacé progressivement les instruments en bois par des outils d'abord en fer, puis en acier.

Perméabilité des terres. Dépend surtout de l'état de division des terres ; elle est augmentée par les façons culturales.

Capillarité. Propriété qui permet à l'eau des couches profondes de remonter vers la surface : exemple : le pétrole dans les mèches de lampe. On roule en été les jeunes cultures pour permettre à l'eau du sous-sol d'atteindre les racines, puis on herse légèrement, de façon à ce que l'eau ne vienne pas jusqu'à la surface, où elle s'évaporerait trop vite.

Dessication. Certaines terres, en séchant, se crevassent, ce qui blesse les racines des végétaux et nuit à leur bonne venue. On roule si ce sont des terres légères, on bine ou on herse si ce sont des terres fortes.

Relief du sol. Produit les situations suivantes :

1º La Plaine. Surface plane, voisine du niveau de la mer.

2º Le Plateau. Plaine élevée, exposée aux vents. Le climat y est rude et les terres sèches.

3º Les Vallées. Terres encaissées entre deux collines ou montagnes, traversées de nombreux cours d'eau. Elles sont souvent humides et conviennent surtout aux prairies. Si elles ne sont pas trop mouillées, elles sont fertiles et aptes à toute production.

4º Les Coteaux. Sont de fertilité variable suivant leur exposition et leur pente. Trop inclinés, ils conviennent seulement aux forêts.

5º Les Montagnes. Ne conviennent qu'au pâturage pendant la belle saison.

Influence de l'altitude sur la végétation

neiges éternelles
roc lichen.
arbrisseaux
pâtures
Résineux (pins et sapins)
Bois à essences feuillues
Pâturages
Seigle
Blé
Vigne-Mûrier

Au point de vue chimique, on trouve dans le sol, 4 éléments principaux et 7 secondaires.

Les 4 principaux sont: l'azote - le phosphore - la potasse - la chaux.

Les 7 secondaires sont: soude, silice, magnésie, soufre, chlore, fer et manganèse.

L'azote se présente sous trois formes:

a). forme organique: débris végétaux ou animaux en décomposition. Peu assimilable par les plantes en cet état.

b) forme ammoniacale: décomposition plus avancée. C'est de l'azote ammoniacale qui produit l'odeur piquante des étables mal tenues. N'est pas absorbée par les plantes.

c). forme nitrique: l'azote est alors assimilable par les plantes. Pour que l'azote devienne nitrique, il faut qu'un certain nombre de conditions soient réunies, à savoir:

1° Présence d'une matière organique;
2° Présence d'oxygène de l'air;
3° 15% d'humidité du milieu;
4° Présence d'une base alcaline (chaux)
5° Présence d'une certaine quantité de chaleur (4 à 35°)
6° Présence du ferment nitrique.

Le ferment nitrique est un microbe dont la présence est absolument indispensable pour la nitrification de l'azote.

L'acide phosphorique se trouve dans le sol sous forme

de phosphates minéraux. On en trouve aussi dans le sang, les os, les poils, etc.

La potasse se rencontre dans les cendres de végétaux, dans l'eau de mer. On en exploite des gisements énormes en Alsace et en Allemagne.

La chaux se trouve dans le sol sous forme de carbonates, de silicates de chaux.

Défrichements. Défoncements.

Les défrichements sont la mise en culture de terres n'ayant encore jamais été cultivées. C'est une opération qu'il ne faut entreprendre que lorsqu'on a du temps devant soi, et des capitaux, car elle coûte fort cher et ne devient productive que très longtemps après.

Les défoncements, difficiles à opérer, coûteux, diminuent la fertilité des terres, en mélangeant ensemble les couches profondes, moins riches, avec le sol arable, qui seul a reçu des fumures et des façons culturales nombreuses.

Il faut pouvoir fumer surabondamment le terrain.

On ne défonce guère qu'en vue de plantations arbustives.

Drainage.

Croquis d'un terrain drainé

D = drains

Courbes de niveau

Collecteur 1er Ordre

Collecteur 2e Ordre

Les terres trop humides sont malsaines et ne deviennent productives que si on les assainit en les drainant.

Le drainage consiste à disposer dans le terrain à assainir des tuyaux en poterie poreuse, suivant un plan soigneusement établi à l'avance, en observant la pente du terrain, et celle à donner aux conduites (drains). Celle-ci est environ de 2 à 3 m/m par mètre.

Sans aller jusqu'à drainer un terrain, on peut l'assainir en le disposant en billons, et en ne cultivant que sur les billons.

billon

eau

Si le terrain est trop sec, on peut parfois l'irriguer; cette opération consiste à fournir au terrain l'eau qui lui manque, en faisant couler dessus l'eau d'une rivière, d'une source. Il est nécessaire d'aménager le terrain de façon à ce que l'eau ne coule pas trop vite. Pour que cette opération soit possible, il faut disposer, à proximité du terrain, d'un cours d'eau; de plus, il faut pouvoir laisser ce terrain sans culture pendant un certain temps, ce qui n'est pas toujours possible.

canal de dérivation

Canal de distribution

rigoles de distribution

Coupe du même terrain

(La pente a été exagérée)

Plan d'un terrain irrigué

La loi permet à tout propriétaire de drainer l'eau en excès dans son terrain, et de conduire cette eau à travers les propriétés voisines jusqu'à une voie d'écoulement, sauf à ne pas traverser les cours, jardins, parcs et enclos attenant aux habitations et moyennant une indemnité préalable au propriétaire lésé.

En ce qui concerne l'irrigation, il existe dans chaque région où cette opération se pratique des Sociétés, des Syndicats qui répartissent au mieux des intérêts de chacun et de la communauté, l'eau dont on peut disposer à cet effet.

Amendements

Ce sont des apports de matières diverses, ayant pour objet de modifier la composition physique d'une terre.

Exemple : dans une terre argileuse, trop dure, on a intérêt à apporter une matière qui la rendra plus meuble, plus facile à travailler.

Les amendements les plus importants sont les amendements calcaires, qui, en même temps qu'ils corrigent les défauts physiques d'un sol, y apportent un élément que nous avons vu être de première importance, la chaux. Toute terre, pour être productive, doit contenir 2 à 3% de chaux.

Les principaux amendements utilisés sont :
la chaux - la marne - les faluns - les calcaires marins.

La chaux est la plus énergique. On l'obtient en chauffant au rouge la pierre à chaux (carbonate de chaux). On a différentes qualités de chaux : la chaux grasse, très active, la chaux siliceuse maigre, la chaux argileuse ou chaux hydraulique, et la chaux magnésienne très active, qui s'obtient par la cuisson d'une pierre appelée dolomite. On utilise la chaux sur les terres tourbeuses, acides, granitiques (landes) compactes, schisteuses. La chaux se vend à l'hectolitre et pèse de 40 à 120 kgrs l'hectolitre, suivant la qualité employée.

La marne contient du carbonate de chaux, de l'argile et du sable. Elle est douce au toucher, happe à la langue comme la terre glaise, et fait effervescence au contact d'un acide. On rencontre la marne, dans certaines régions, dans le sous-sol. On l'extrait alors par des puits. C'est une matière très lourde et assez difficile à utiliser.

Les faluns se trouvent sous la forme de sable grossier,

mélangé de craie et de débris de coquilles calcaires. On en trouve des gisements importants en Touraine et dans l'Ille et Vilaine (Lormandière - St Grégoire - La Chaussairie). Ils conviennent surtout aux terres argileuses.

Les Calcaires marins comprennent plusieurs matières; la tangue, le treiz, le merl.

La tangue est le plus important ; c'est une vase sableuse, grise ou jaunâtre, qui se dépose à l'embouchure des petits fleuves côtiers de Bretagne et de Normandie. Elle contient des débris de coquilles, du calcaire, du sable, de l'argile, un peu de matières organiques, des traces d'acide phosphorique et du sel marin.

Avant de l'utiliser, il faut l'exposer aux pluies pour qu'elle se dessale, car le sel est nuisible aux plantes.

Le treiz est un sable marin moins fin que la tangue, et qu'on trouve sur les côtes du Finistère. Il est moins efficace que la tangue.

Le merl est un sable qui contient beaucoup de débris de coquilles. On le trouve à l'embouchure des rivières de Morlaix, de Quimper. Comme la tangue, il faut le dessaler avant de l'employer.

Tous ces amendements sont des matières lourdes, encombrantes, difficiles à manier, et dont il faut de grandes quantités. Leur emploi n'est possible que si on se trouve à proximité des gisements, et à une époque où l'on dispose d'une main-d'œuvre abondante et peu chère.

2e Leçon

Le jardin

Quand on envisage la création d'un jardin, on doit se rappeler qu'il faut autant que possible séparer le potager du fruitier et du jardin d'agrément, les soins n'étant pas les mêmes pour ces différentes branches.

Quand on a fait choix d'un terrain, humifère, ou

silico-humifère de préférence, exposé au midi si possible, sinon au sud-est, on le nivelle soigneusement, c'est-à-dire qu'on l'aplanit le plus possible. La surface relativement restreinte du jardin permet cette opération.

Ensuite on établit soigneusement le système d'irrigation, c'est-à-dire qu'on se préoccupe de savoir où l'on va prendre l'eau dont il faut de grandes quantités pour avoir de bons résultats. Une fois ce point essentiel établi, on s'occupe du système de distribution, le plus pratique consiste à établir de place en place des bassins cimentés, ou à défaut des demi-tonneaux enfoncés en terre. En effet, il est bon que l'eau d'arrosage se trouve à la température de l'atmosphère ambiante.

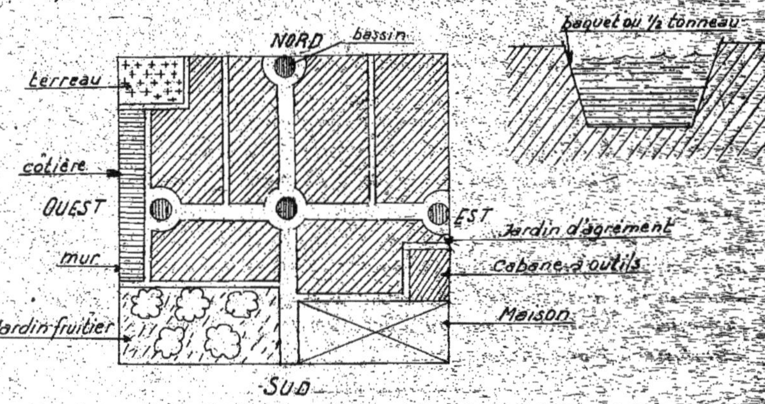

Après ce travail, on trace les allées, et par conséquent les parties réservées aux cultures. Leur disposition varie suivant la configuration du terrain. On réservera pour les serres, les couches les cultures délicates, la partie du terrain la mieux abritée des vents froids et humides, la mieux exposée au soleil. Au besoin on construira un mur à cet effet.

Matériel et outillage

Mieux qu'une longue explication, quelques croquis

donneront une idée suffisante des différents instruments employés en jardinage, et de leur utilisation.

Les instruments vendus par les maisons d'outillage horticole ne sont pas tous indispensables, sauf pour les grands jardins et les maraîchers.

bêche
croc (brassage du terreau)
fourche à bêcher
binages et sarclages
paroir
binette
serfouette
tracé des lignes
cordeau.
cloche
rayonnoir
tracé des lignes de semis
batte (tassement du sol).
Plantoir

châssis vitré
arc-boutant
coffre
couche

Préparation du terrain. Au moment de la création, on défonce à 50^{cm} environ, en ayant soin de fumer surabondamment au fumier, aux gadoues des villes, etc... On profite de ce défoncement pour apporter les amendements. Il faut, tous les 3/4 ans recommencer le défoncement, car les terres de jardin doivent être très soigneusement entretenues. Dans l'intervalle, on bêche à 25/30 cm. Les autres travaux, du sol consistent en binages et sarclages.

La manière d'opérer est la même pour les labours ordinaires et les défoncements; seule la profondeur du travail varie. On ouvre, à un des bouts du terrain, une tranchée dont la terre, sera déposée devant l'ouvrier, qui travaille toujours à reculons. Puis on prend le long de la paroi de cette tranchée de nouvelles pelletées de terre qu'on retourne en les mettant dans l'excavation précédente, de manière à ce que l'engrais soit au fond, ainsi que les mauvaises herbes, qui sont ainsi étouffées. Toutefois, certaines racines, comme celles du liseron, seront soigneusement extraites et déposées sur le terrain, où elles périront en se desséchant. Dans le courant du travail, il faut veiller à avoir devant soi une tranchée analogue à celle du début et à bien niveler la surface du terrain. Ces qualités s'acquièrent par la pratique.

Il va sans dire que la préparation du terrain est plus profonde pour les arbres que pour les légumes et les fleurs, et pour les plantes à racines profondes que pour celles à racines superficielles. Pour les arbres, on amasse l'engrais au pied de ceux-ci et dans un rayon variable suivant leur taille. Pour les autres plantes horticoles, l'engrais est réparti sur toute la surface du terrain.

Amendements et engrais. Comme amendements, on a les amendements humifères, calcaires ou siliceux. Les premiers comportent : le fumier de cheval, le terreau, les feuilles mortes, les gadoues. Ce sont aussi des engrais.

Les amendements calcaires sont : la chaux (6 kgr. par are et par an) on en met à la fois 30 kgrs, de façon à ne faire ce travail que tous les 5 ans par exemple ; on a aussi le plâtre de démolitions, que l'on emploie à la dose de 12 kgrs par are et par an.

Les amendements siliceux sont onéreux. Toutefois lorsqu'une sablière se trouve à proximité, on peut, si le terrain est trop dur, apporter 3 mc de sable par are.

Les engrais comportent : le compost, mélange de boue des chemins, de détritus décomposés, de fumier, etc..., le fumier de cheval, les engrais phosphatés (scories de déphosphoration - 10k par are) les engrais potassiques (5k par are). Pour activer, au moment de la végétation, les salades, artichauts, asperges, etc, on emploie le nitrate de soude en arrosages, à la dose de 2 gr. par litre d'eau, ou le purin à la dose de 1 litre pour 6 litres d'eau.

Les engrais azotés agissent sur le rendement (volume) et les engrais phosphatés sur la qualité.

Répartition des travaux de l'année.

Les labours profonds et les défoncements s'effectuent en hiver, par temps froid et sec ; les labours ordinaires ont leur place soit en hiver, au printemps ou à l'automne, suivant la culture envisagée. Avant chaque culture, il est bon de rafraîchir le terrain par un bêchage léger, ou à la binette.

Pour la plupart, les semis de légumes ou de fleurs ont lieu au printemps, sauf pour les variétés tardives.

Avant de semer, on trempe les graines pendant 24 heures dans de l'eau ordinaire, ou mêlée d'un peu de purin, parfois d'un désinfectant ou insecticide. Ces trempages ont pour but de faciliter la levée et de protéger les graines contre leurs ennemis. On enterre d'autant moins que les graines sont plus petites.

Selon leur destination, les semis sont définitifs ou suivis de repiquage. (choux, choux-fleurs, etc..). Le repiquage a lieu quand la graine a donné une plante qui possède deux ou trois feuilles, que l'on transporte dans un autre terrain, en lui apportant de nouveaux engrais. L'époque de cette opération varie naturellement avec celle des semis.

La récolte se pratique quand on s'aperçoit que le produit recherché a atteint son maximum de qualités et de valeur marchande. Pour les produits destinés à la vente ou à l'exportation, il ne faut pas les laisser trop mûrir, car alors ils ne se conserveraient pas.

Pépinières

Ce sont des endroits réservés à la production des plants destinés au repiquage. On les fait généralement sur couches chaudes ou dans une partie de terrain spécialement préparée et fumée à cet effet. Quand on fait une pépinière, on sème très serré, car les plantes, ne devant pas grandir sur ce terrain, n'ont pas besoin de beaucoup de place. Néanmoins, il faut leur laisser de l'air et de la lumière, c'est pourquoi, après la levée, on arrache les sujets les plus mal venus, pour laisser aux autres la place indispensable. On puise dans la pépinière les plants nécessaires à l'utilisation des planches, où on leur laisse alors toute la place voulue.

Cette méthode permet la sélection attentive des plantes. Elle est très recommandable et donne d'excellents résultats. On peut repiquer une même plante plusieurs fois ; à chaque opération, on habille le plant, c'est-à-dire qu'on coupe l'extrémité des feuilles et des racines, ce qui a pour but de diminuer l'évaporation et de faciliter la reprise. Il est utile de tasser fortement la terre au pied de chaque plant repiqué, et d'arroser celui-ci avec de l'eau mélangée de purin.

Manière de repiquer un plant

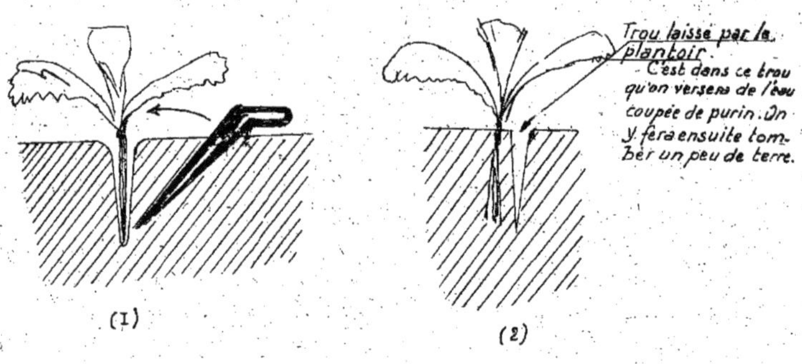

3e Leçon

Cultures particulières à la région.

Dans chaque région, il existe une ou plusieurs cultures qui ont une importance plus grande que les autres. Ceci s'explique par le fait que certains climats, certaines natures de terres conviennent mieux à telle culture qu'à telle autre. Les nécessités du commerce, les débouchés particuliers à la région, font aussi sentir leur influence.

Avant de se lancer dans telle culture qu'il croit intéressante, un agriculteur devra se rappeler qu'il doit étudier soigneusement les conditions de réussite et les dangers qu'elle présente. Il devra chercher à connaître si le terrain qu'il possède y est propice, si le climat s'y prête, si ses disponibilités en argent, en main-d'œuvre, la lui permettent, et s'il est assuré d'avoir un débouché rapide et avantageux pour ses produits.

Pour ce faire, il est essentiel de bien connaître les us et coutumes du pays; les ruraux ont en effet des années et des années d'expérience que leur ont léguées leurs ancêtres qui ont vécu sous le même climat, dans le même pays, sur la même terre.

Il est évident que l'on peut, que l'on doit même chercher à raisonner les méthodes employées, à perfectionner les instruments utilisés. Mais il faut se rappeler toujours que, si certains détails sont erronés, par suite de croyances anciennes profondément enracinées, il y a toujours au fond de ces méthodes une grande part de bon sens et d'expérience.

Etant donné qu'en France, la culture est en général, morcelée, et partant exercée par des gens sans instruction, qui travaillent toujours selon les préceptes de leurs aïeux, un homme muni d'une instruction plus approfondie trouvera les défauts de ces méthodes et les corrigera. Mais il ne devra pas chercher à innover de nouvelles manières de faire, avant d'être absolument certain de leur réussite. Il est bien préférable d'étudier les anciennes habitudes, et de les adapter aux nécessités de la vie moderne, en s'inspirant des études faites dans ce but.

Une fois qu'on a entrepris une culture donnée, on devra s'attacher à perfectionner chaque détail, à ne rien laisser au hasard. Entre autres, la sélection des espèces cultivées donnera d'excellents résultats.

Au lieu d'importer directement une espèce nouvelle améliorée, on a tout avantage à partir de l'espèce la plus cultivée dans la région, car elle est acclimatée, et partant beaucoup moins délicate. Mais on peut la perfectionner, en étudiant ce qui peut lui manquer dans le sol, dans les façons culturales qu'elle reçoit, en lui procurant ce qui lui fait défaut. Puis on s'attachera à sélectionner les plants ou les graines les mieux venus, les plus sains, les plus productifs. On éliminera impitoyablement, chaque année, les sujets chétifs, mal venus, atteints de maladies cryptogamiques. Cette méthode exige beaucoup de travail, beaucoup de patience et de ténacité, mais donne en revanche d'excellents résultats.

Les semences sont les parties des plantes agricoles que l'on confie au sol, en vue d'obtenir une nouvelle récolte. Elles proviennent d'une récolte précédente.

Quand on aura à prendre, dans un lot de blé par exemple, une certaine quantité de grains destinés à servir de semences, on devra choisir les grains les plus gros, les plus sains, les plus lourds. Pour opérer ce tri, on se sert de différents instruments, suivant l'importance du travail à effectuer : vans, tarares, cribles, trieurs de modèles divers.

Quand un cultivateur achète un lot de semences, il doit s'entourer des garanties suivantes:

1°. Exiger de son fournisseur le nom exact et l'origine des semences qu'il achète.

2°. Exiger l'indication de la pureté de ce lot, c'est-à-dire une garantie que celui-ci ne contient pas de graines d'une autre espèce, ou de graines de plantes nuisibles.

3°. Exiger l'indication de la faculté germinative, c'est-à-dire la proportion de graines susceptibles de germer sur 100 graines prises au hasard dans le lot.

4°. Exiger l'indication du poids de 1000 graines.

Ces renseignements devront être portés sur la facture.

Quand l'agriculteur aura reçu ses semences, il devra en prélever un échantillon en présence de deux témoins, qui certifieront par écrit la sincérité de l'opération. Cet échantillon, mis dans un flacon en verre, bouché soigneusement et cacheté en présence des témoins, est étiqueté et porte sur l'étiquette la signature de ces derniers. Il est indispensable de faire deux flacons, dont l'un est conservé par l'acheteur pour servir en cas de contre-analyse, et l'autre est envoyé à une station d'essais de semences, qui l'analysera et dira si le vendeur a bien rempli ses engagements.

Si on récolte ses semences soi-même, on peut les essayer dans une petite partie du jardin réservée à cet effet; mais en général, si on "fait" soi-même ses semences, c'est qu'on connait bien l'espèce que l'on cultive. Il suffit de s'entourer des garanties données par le triage et le nettoyage sévère des graines employées. Dans le cas d'achat de semences, seule l'analyse officielle, dans une station d'essai, d'un échantillon pris en présence de deux témoins, a une valeur juridique.

4e Leçon

Les engrais

Pour qu'un engrais soit avantageux à employer, il faut que le prix qu'il a coûté (frais d'achat plus frais de transport et d'utilisation) soit inférieur à celui des avantages qu'il procure (augmentation dans le produit des cultures).

Nous avons vu que les plantes exigeaient du sol 4 éléments principaux et 7 secondaires, auxquels on peut ajouter le carbone, l'oxygène et l'hydrogène qui sont puisés dans l'air et dans l'eau. Les 7 autres secondaires sont en quantités suffisantes dans le sol pour qu'on n'ait pas à se préoccuper d'en apporter.

Pour les 4 principaux, il faut se souvenir toujours qu'il est indispensable que tous les 4 soient présents, et qu'ils doivent être en proportions convenables. C'est ce qu'on appelle la Loi de Liebig:

Lorsqu'un élément est en trop petite quantité pour la plante, celle-ci ne végète qu'en raison de la quantité de cet élément qu'elle trouve dans le sol.

C'est dire que si le sol contient énormément d'azote, mais est pauvre en acide phosphorique, la plante cultivée utilisera seulement une proportion d'azote en rapport avec la quantité d'acide phosphorique qu'elle trouve dans la terre.

Figure explicative de cette loi

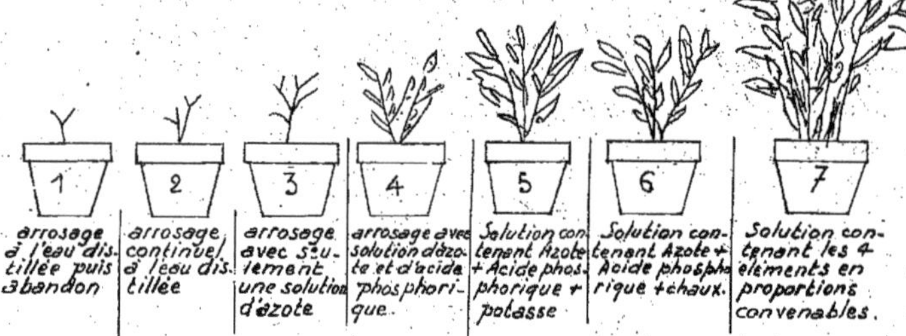

Les proportions de chaque engrais nécessaire pour chaque culture varient avec la nature du sol, qui peut être riche soit en azote, soit en acide phosphorique, en potasse ou en chaux, mais ne l'est pour ainsi dire jamais des 4 à la fois. Il est donc inutile d'apporter trop d'un engrais qui se trouve déjà dans le sol, si ce n'est pour compenser les pertes que lui a fait subir une précédente récolte. Toutefois, on doit toujours compenser très largement ces pertes, de crainte de voir la terre s'appauvrir.

Ces proportions varient aussi avec la plante cultivée. Telle plante exige plus de chaux que de potasse, ou inversement.

Quant au mode de distribution, il varie suivant que l'engrais se conserve plus ou moins bien, suivant que la plante a des racines profondes ou superficielles. Toutes ces conditions, très complexes, seront étudiées avec chaque engrais et chaque plante. Leur connaissance s'acquiert surtout par une longue pratique raisonnée.

En culture intensive, l'emploi fréquent et raisonné des engrais tant organiques que chimiques est obligatoire, sous peine de voir le sol s'appauvrir, les récoltes diminuer, et l'exploitation péricliter.

5e Leçon

Outillage

Labours. Se font au moyen de charrues, instruments composés d'un soc, pièce d'acier tranchante qui découpe les bandes de terre, d'un versoir, également en acier, qui est placé au-dessus du soc et est destiné à retourner la bande de terre découpée par le soc. Généralement le soc est précédé dans la raie par le coutre ou couteau, qui, comme son nom l'indique, coupe la bande de terre pour ménager le soc. Il lisse aussi la paroi de la tranchée et la maintient, ce qui est indispensable pour obtenir un travail propre. Ces pièces constituent la partie travaillante de l'instrument. Les autres parties sont des pièces de soutien, de traction, de réglage, de direction. On ajoute quelquefois des appareils accessoires destinés à enfouir les engrais encombrants, comme le fumier pailleux.

L'âge d'une charrue est la pièce qui doit être la plus robuste: c'est elle qui supporte les efforts de traction, de résistance; les étançons sont des pièces qui relient le versoir à l'âge; ils sont souvent fondus d'une seule pièce avec ce dernier.

Il existe actuellement de nombreux modèles de charrues; le plus ancien est la charrue araire. Cette charrue, outre qu'elle ne permet pas les labours à plat, est très difficile à conduire; elle exige une grande habileté, qui ne s'acquiert que par une longue pratique, et une grande dépense de force de la part du laboureur, qui doit continuellement la maintenir et la diriger, et régler la profondeur du labour au moyen des mancherons. Avec cette charrue, on lève les mancherons pour augmenter la profondeur du labour, et appuie dessus pour diminuer cette profondeur: en effet, si on lève les mancherons, on dirige la pointe du soc vers l'intérieur de la terre, et inversement, si on les abaisse.

Dans la culture moderne, on laboure à plat, ce qui permet d'utiliser la totalité de la surface du terrain, et rend possible l'emploi des instruments à grand travail. En outre, ces labours sont plus rapides et moins fatigants à effectuer, car la caractéristique prin-

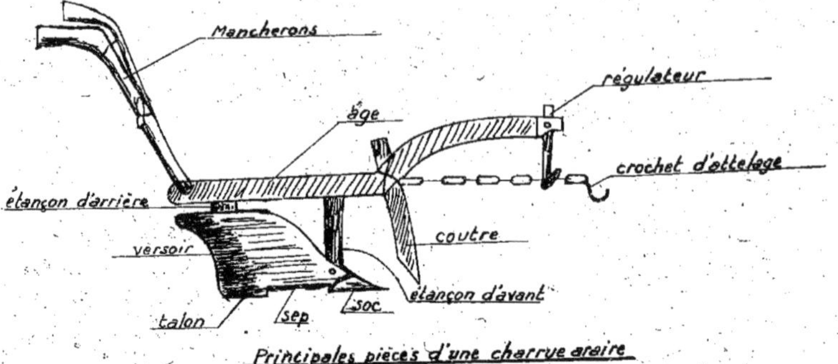

Principales pièces d'une charrue araire

Schéma d'un Brabant double

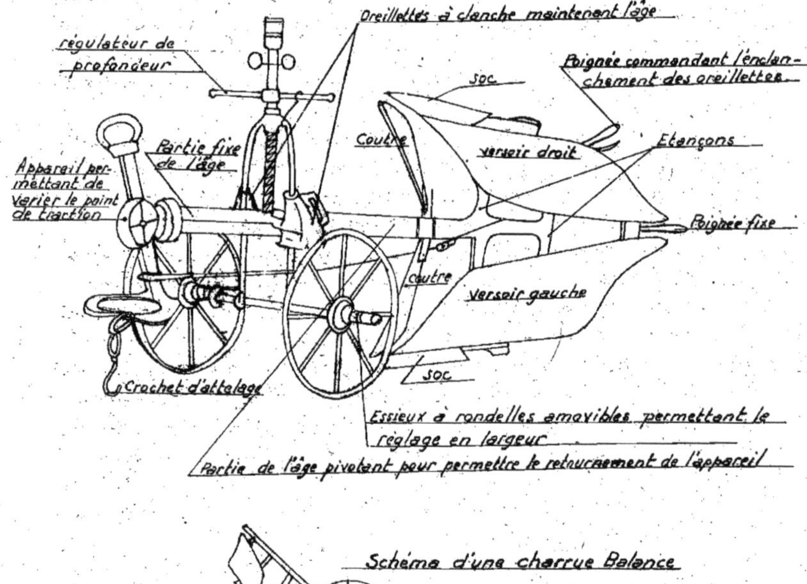

Schéma d'une charrue Balance

cipale des charrues employées à cet effet est d'être absolument stables. Ces outils sont de deux types principaux : les charrues Brabant doubles et les charrues balances ou bascules.

La Brabant double est un instrument qui comporte deux socs et deux versoirs, montés sur un âge unique, l'un au-dessus, l'autre au-dessous. L'un de ces corps verse à gauche, et l'autre à droite, de telle sorte que quand on parvient à un bout du champ, il suffit de retourner l'instrument et de reprendre le travail dans la raie que l'on vient de tracer. Ces charrues comportent aussi deux roues, un appareil régulateur de profondeur, et une disposition permettant de régler la largeur du travail.

La charrue balance est un instrument très simple dont un croquis donnera une idée suffisante.

Il existe des charrues à plusieurs corps de travail se faisant suite, ce qui permet d'augmenter la largeur du travail fait dans un seul passage. Ces instruments sont surtout utilisés avec des tracteurs automobiles ; ils ne sont avantageux que si l'on possède une grande exploitation, comportant de grandes étendues d'un seul tenant.

Un bon labour est caractérisé par des raies droites, de largeur uniforme, une profondeur constante.

Défoncements. S'effectuent au moyen de charrues spéciales appelées défonceuses. Ces outils sont de plusieurs sortes, suivant qu'on veut mélanger le sous sol au sol, ou le laisser en place. Nous avons vu qu'il est généralement préférable d'agir de la seconde manière, afin de ne pas trop diminuer la fertilité du sol. On défonce surtout dans les défrichements.

Pour défoncer, on passe une première fois avec une charrue ordinaire, puis on reprend la même raie avec une défonceuse, munie d'un soc très puissant et d'un versoir d'un modèle spécial, appelé versoir Bonnet. Cet appareil est composé de deux parties : l'une, la plus basse, et qui fait suite au soc, est constituée par un plan incliné en acier ; la seconde, qui lui fait suite, est en acier également et affecte une forme révolutée. Cette disposition permet le retournement complet de la bande de terre découpée par le soc.

On peut aussi passer en une seule fois avec un versoir défonceur du genre Jefferson, qui a le même but.

Au lieu d'employer deux charrues, on peut monter un Brabant double en défonceur Bonnet, en remplaçant un des corps ordinaires par un soc plus puissant muni d'un versoir Bonnet. On passe la première fois le corps ordinaire, puis on reprend la même raie avec le corps spécial.

Quand on veut laisser le sous-sol à sa place, on emploie les corps fouilleurs : formés de griffes fouilleuses en acier très dur. On monte ces griffes sur un Brabant, et on opère de la même façon qu'avec le Bonnet.

Les défoncements dépassent quelquefois 60 cm de profondeur

Versoir Bonnet

Hersage. On emploie pour faire ce travail des instruments appelés herses, composés d'un bâti portant un nombre variable de dents. Primitivement, ces instruments étaient en bois. Actuellement, on les fait entièrement en métal, acier profilé généralement.

Les instruments les plus employés actuellement sont des herses en zig zag, composées de plusieurs parallélogrammes, articulés entre eux, ce qui donne à l'instrument une grande souplesse et lui permet d'épouser toutes les sinuosités du terrain.

Dans une bonne herse, les raies sont également espacées et deux dents ne doivent pas passer dans la même raie. Elle est munie à l'arrière d'une barre permettant de la lever pour ne pas

Herse en Zig-Zag
à deux Compartiments

entraîner toutes les pierres, chiffons, mottes d'herbe, etc..

Il existe un autre appareil permettant des hersages très énergiques, encore appelés quasi-labours : cet outil est composé d'un bâti en acier profilé, glissant sur des patins ou porté par des roues.

Sur ce bâti sont montées des dents amovibles et interchangeables en acier également, et dont la forme varie suivant la destination. Suivant la forme des lames employées, on appelle l'instrument scarificateur (lames rigides tranchantes), extirpateur (lames pointues au bout, aplaties légèrement), piocheur-vibrateur ou herse à ressorts (lames flexibles agissant comme des ressorts, ce qui

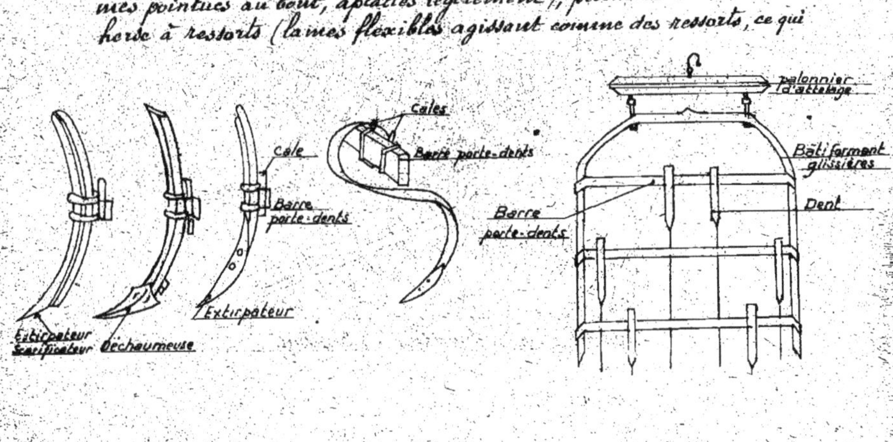

leur donne une grande puissance de brise-mottes). Le plus employé de ces appareils est actuellement le genre cultivateur canadien (herse à ressorts.

Avec ces appareils on peut procéder au rafraîchissement des labours, aux semailles, au déchaumage, à l'arrachage des mauvaises herbes, etc. Leur travail est rapide et parfait.

On connaît aussi un autre genre d'appareils, importés d'Amérique, appelés pulvériseurs à disques. Ces outils sont composés d'une série de disques en acier, tranchants, légèrement emboutis, et

Pulvériseur simple

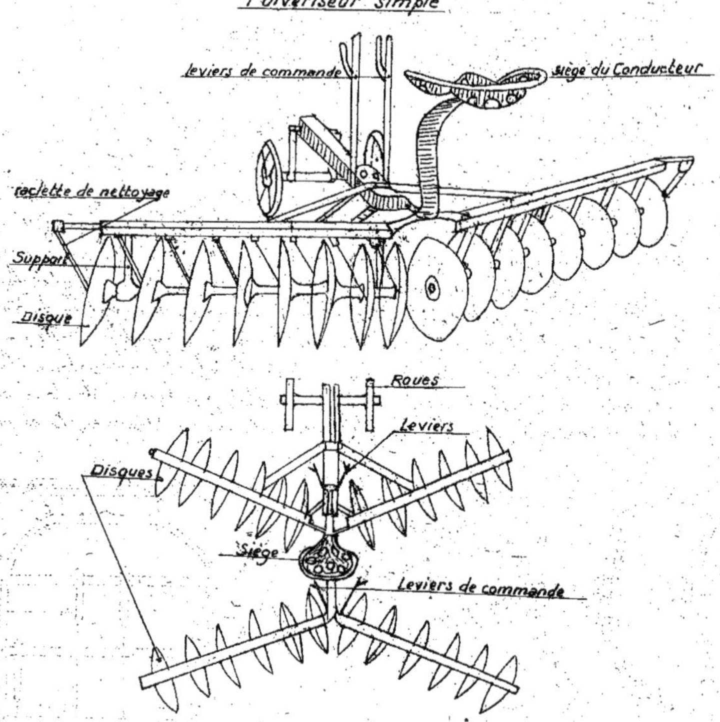

Schéma d'un pulvériseur en tandem.

montés sur deux portions d'axe dont on peut varier l'angle qu'elles forment entre elles, afin d'augmenter ou diminuer l'énergie du travail.

On emploie des pulvériseurs simples ou accouplés en tandem. Leur utilisation se fait surtout en culture mécanique. Ils exécutent un travail rapide et parfait du sol, mais ils sont très coûteux et s'usent rapidement.

Pour herser efficacement, il faut que ce travail soit fait à allure vive, dans une terre bien égouttée. On travaille en tournant autour du champ, en exécutant les virages à gauche, et en évitant soigneusement de tourner sur place, ce qui embrouille les herses et dénivelle le terrain. Le conducteur se tiendra de préférence derrière l'instrument, afin de surveiller le travail, d'éviter les manquants, et débourrer l'appareil quand il y a lieu.

Avec un bon attelage, un homme peut herser de 4 à 6 hectares par journée.

Le roulage a pour buts d'écraser les mottes après le labour

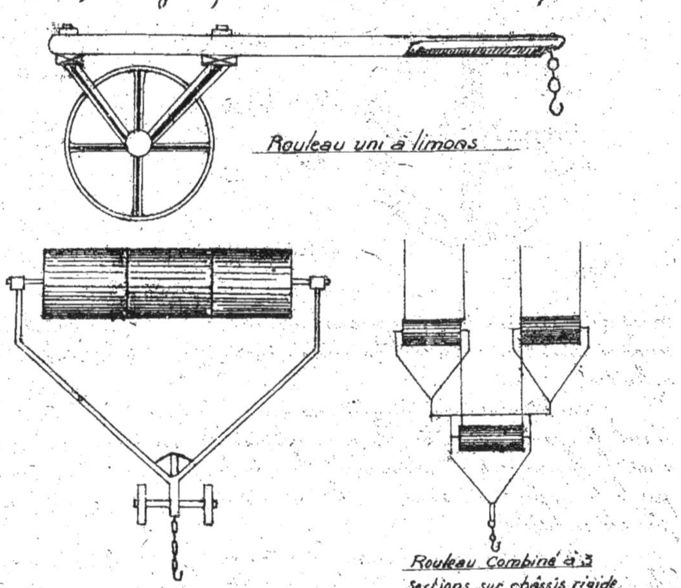

d'aplanir le sol, d'enfoncer les pierres en terre, de comprimer les terres soulevées par la gelée, d'enterrer les semences fines.

Il se pratique au moyen d'appareils appelés rouleaux. Les rouleaux modernes sont en tôle d'acier fixée sur des joues de fonte pour lui donner du poids. Ils sont formés de plusieurs tronçons pour faciliter les tournées. Le diamètre des fusées est plus grand que celui de l'axe de roulement, ce qui permet aux sections de suivre les inégalités du terrain.

On connaît plusieurs genres de rouleaux : rouleaux plombeurs unis, rouleaux brise-mottes (Croskill), rouleaux squelettes.

Les plombeurs ont une surface unie. Les sections sont soit montées sur le même axe, soit sur plusieurs axes de disposition combinée. Ils sont traînés par limons ou par chaînes. Dans ce cas, ils sont munis en général d'un avant-train à roulettes.

Les Brise-mottes ou Croskill sont formés d'une série de

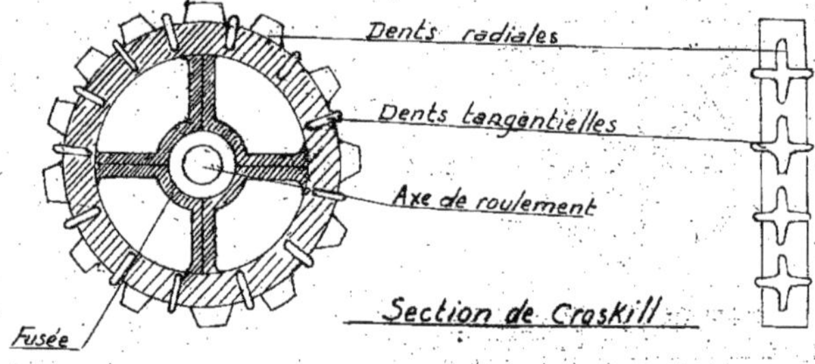

Section de Croskill

roues de fonte, très lourdes, portant des aspérités de deux sortes : les unes à direction radiale, les autres à direction tangentielle au cylindre.

Ces disques sont montés sur un axe ordinaire. Leur fusée étant de grand diamètre, ils peuvent cisailler entre eux, et éviter ainsi le bourrage de l'instrument. Pour éviter l'usure rapide produite par le transport sur route, on les munit de roues porteuses de différents modèles.

Ces rouleaux exécutent un travail parfait, mais comme ils sont vendus au poids, ils reviennent excessivement cher, car ils sont très lourds et s'usent vite. De plus, ils exigent une très forte traction.

Les Rouleaux squelettes assez peu employés sont constitués par des petits disques séparés entre eux par un espace vide. Ils sont chers et ne sont pas indispensables.

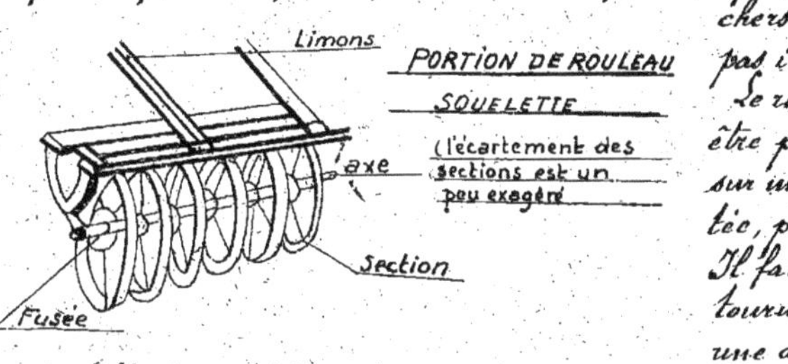

Le roulage ne doit être pratiqué que sur une terre égouttée, plutôt sèche. Il faut éviter de tourner sur place, une allure vive est à conseiller. On roule surtout en été, pour ainsi dire jamais en automne ou en hiver.

Les semailles se font en lignes, en paquets ou à la volée ; on les exécute à bras ou mécaniquement. Les semis en lignes ou à la volée se font pour les céréales. Les plantes sarclées (betteraves, choux etc) se sèment en paquets.

Les semis à la volée consistent à répandre sur toute la surface du terrain, et aussi régulièrement que possible, la graine qu'on veut semer. On a soin de semer dans la direction du vent. On sème à jet simple ou à jet croisé. Le semis à bras à la volée demande une très grande habileté. Les bons semeurs sont de plus en plus rares, ils sont remplacés de plus en plus par les semoirs.

Les semoirs permettent de disposer les plantes en lignes régulièrement espacées, ce qui facilite les travaux suivants ; ils économisent la semence et donnent une levée beaucoup plus régulière.

Un semoir se compose de deux parties principales :
1° Un coffre ou trémie, servant de réservoir à graines.
2° Un appareil de distribution.

L'appareil distributeur varie suivant les semoirs. Le plus simple consiste en de petites ouvertures percées dans la trémie, dont on peut régler la grandeur au moyen de volets, ce qui règle le débit. Les graines sont agitées dans la trémie soit par des hélices en tôle ou des disques à brosses à palerons, etc.

L'appareil le plus précis est assurément le distributeur à

Différentes formes d'ouverture et leurs volets.

palerons

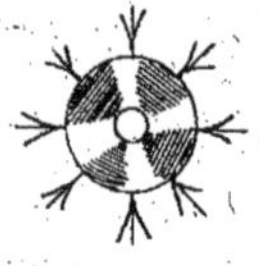

Disques à brosses

cuillers. Il est formé d'une série de disques en tôle munis de petites cuillers. Les disques sont montés sur un axe et sont également espacés. Le mouvement des roues, communiqué à l'axe au moyen d'engrenages, fait tourner ces disques. Les cuillers se remplissent de graines qu'elles versent ensuite dans le tuyau enterreur. On varie le débit en modifiant la vitesse de rotation des disques, ce qu'on obtient au moyen de jeux de pignons à engrenages, dont l'un est interchangeable. Dans le semoir à cuillers, il est nécessaire que l'appareil soit toujours vertical, quelle que soit la pente du terrain. On obtient ce résultat au moyen d'un pendule ou d'un niveau d'eau qui indique la pente que fait le semoir, et d'une vis sans fin commandée par une manivelle que l'on tourne jusqu'à ce que le pendule indique que l'appareil est bien vertical.

Les graines, une fois puisées par les cuillers sont déversées

Tube à entonnoirs

Tube télescopique

Tube spiralé

dans des tubes de différents modèles, en toile, en tôle, en cuir, etc. On a des tubes à entonnoirs, des tubes spirales, ou des tubes télescopiques ; ces deux derniers sont les plus employés.

Ces tubes conduisent les graines jusqu'à terre, dans des sillons tracés par des socs placés sur des leviers articulés à une extrémité, et munis à l'autre extrémité de contrepoids amovibles permettant de régler la profondeur d'enterrage. On se sert aussi à cet effet d'une chaîne.

Pour que ces semoirs donnent de bons résultats, il faut que le sol soit bien préparé et soigneusement nivelé. Dans le courant du travail, il faut faire bien attention à suivre exactement le passage précédent, de façon à bien espacer régulièrement les lignes et à éviter les manquants.

Il existe des semoirs en poquets, ne déposant de graines que par petites pincées régulièrement espacées. On obtient ce résultat au moyen de dispositifs distributeurs à pistons ou à trappes.

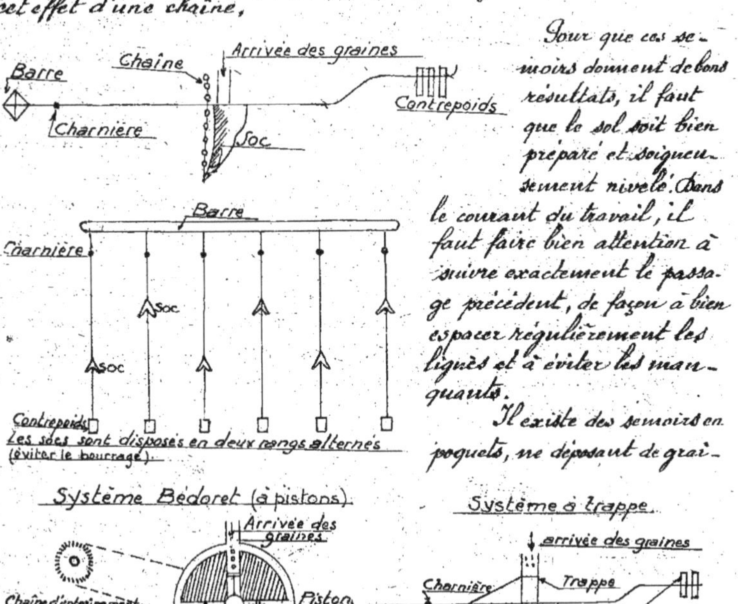

Pour semer les engrais, on se sert de semoirs spéciaux semant à la volée. Le dispositif le plus employé est du genre à fond sans fin et Hérisson.

Coffre ou Trémie

Trappe servant à régler le débit

Hérisson

fond sans fin

Semoir à engrais à fond sans fin et Hérisson.

Binages et sarclages.

Le binage consiste à ameublir la surface du sol pour détruire les effets d'une capillarité trop grande.

Les sarclages ont pour but de détruire les mauvaises herbes.

On exécute ces deux opérations au printemps et en été, au moyen soit d'outils à bras, (binettes-serfouettes, etc.), soit de machines attelées. (Houes à cheval).

Ces instruments ne peuvent être utilisés que dans les cultures semées en lignes. Ils travaillent soit une ligne, soit plusieurs à la fois, et comme on a des socs ou lames de différentes formes, on peut exécuter différents travaux : binages, buttage, débuttage, etc.

lame gratteuse

lame-soc

porte-soc

lame à betteraves

L'espace entre les lignes de plantes étant variable avec les cultures, la largeur de travail des houes doit pouvoir varier; c'est pourquoi les houes modernes sont extensibles en largeur. Une houe simple comporte généralement 5 socs : 2 à l'avant, 3 à l'arrière.

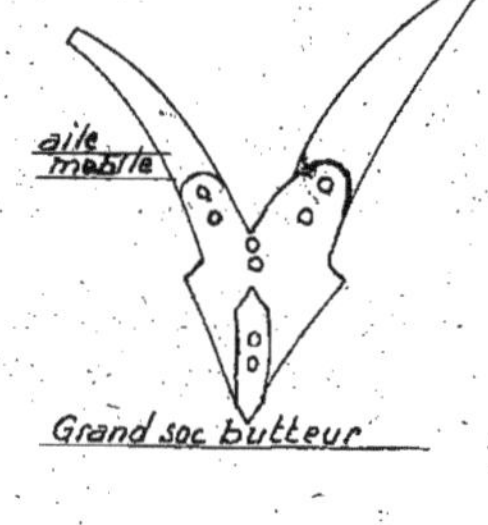

Grand soc butteur

Petit soc butteur

Le travail de ces appareils doit rester très superficiel, pour ne pas déchausser ni déraciner les plantes.

Schème d'une houe à extension parallèle.

On règle la largeur de la houe de façon qu'elle soit un peu plus petite que celle de la ligne à travailler, et on passe deux fois dans la même ligne : la première en se rapprochant plus d'une des lignes de plantes, la seconde en se portant davantage vers l'autre ligne. Cette méthode s'explique par le fait que les ligne: de semis ne sont pas rigoureusement droites.

Récoltes

Pour récolter une céréale, il faut d'abord la couper. On fait ce travail à la faucille, à la faux ou à la faucheuse. Comme pour les semis, il devient difficile de trouver de bons faucheurs à bras, car on emploie de plus en plus la faucheuse mécanique, qui donne un travail parfait et beaucoup plus rapide.

Faucille

Faux.

La faucheuse est un instrument qui agit comme des ciseaux, par l'action d'une lame coulissant dans un conduit ou porte-lame.

La lame est formée d'une barre d'acier portant d'un côté les sections triangulaires à bords tranchants, fixées chacune par deux rivets. A une extrémité, cette lame est munie d'une pièce appelée tête de lame servant à la raccorder à la bielle qui lui communique son mouvement.

Sections
Tranchant
Rivets
Barre porte-sections
Tête de lame

Le porte lame est également en acier ; il est fixé à droite de la faucheuse et parallèlement à l'essieu. Il peut à volonté se relever ou s'abaisser. Il est muni de doigts de fonte qui portent dans une excavation une "platine" en acier à bords coupants. C'est avec ce bord coupant que dans son mouvement de va-et-vient la lame agit comme les deux branches d'un ciseau agissent entre elles. En outre, le porte-lames est muni de "guides" qui maintiennent la lame et l'empêchent de se courber et de se briser. Il faut veiller à ce que le conduit du porte-lame soit toujours

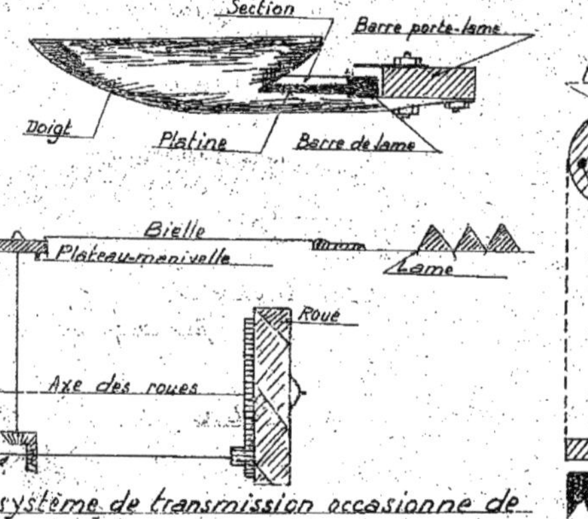

Ce système de transmission occasionne de fréquents bourrages

Plateau-manivelle
E = Course de la lame
e = Ecartement des pointes de 2 Sections
(E doit être plus grand que e)
Bielle
Lame
E
Bielle
e

bien rectiligne, faute de quoi on s'expose à des accidents.

La lame est mise en mouvement par un plateau-manivelle et une bielle, actionnés par les roues porteuses au moyen d'engrenages de divers modèles. La course de la lame est légèrement plus grande que la distance entre deux pointes de sections.

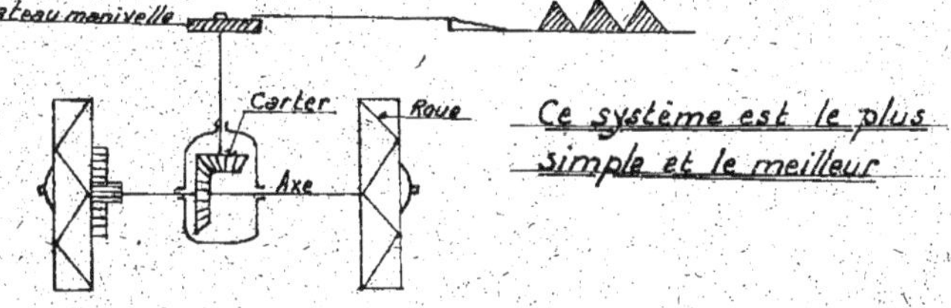

Plateau-manivelle Bielle lame

Ce système dont les engrenages sont trop compliqués et trop nombreux, occasionne une grande déperdition de force

Roue Axe

La faucheuse est toujours munie d'un dispositif de relevage du porte-lame, et d'un embrayage. De plus, pour éviter de débrayer à chaque instant, on la munit de cliquets lui permettant de tourner et de reculer sans débrayer.

Sens de la marche Cliquet

Le mouvement de la lame est très rapide, aussi les sections s'émoussent-elles très vite. Pour travailler rapidement, il faut disposer de six lames par faucheuse, de façon à aiguiser les unes pendant que les autres travaillent. Il faut un attelage rapide et robuste, car la lame ne travaille bien qu'à grande vitesse: c'est pourquoi, dans les pays où l'on attelle les bœufs, les faucheuses sont munies d'une multiplication de mouvement très grande. Le poids du conducteur sur son siège doit faire équilibre à celui du timon d'attelage. Comme cette condition n'est pas toujours remplie, on munit le timon d'une roue support pour éviter de fatiguer inutilement

Ce carter renferme un ressort à boudin
Timon
Roue

le garrot des chevaux.

La moissonneuse-lieuse est une faucheuse munie de différents dispositifs lui permettant à la fois de couper, de ramasser, de lier et de disposer régulièrement autour du champ, les bottes de blé, d'avoine, de seigle, etc. Cet appareil bien réglé, travaille avec une rapidité extraordinaire et rend de très grands services dans les pays à céréales. Son travail est propre et ne laisse presque pas de pertes de grains. On peut couper de 3 à 5 hectares par jour avec un attelage de 3 animaux solides, qu'il faut néanmoins changer au milieu de la journée, la traction de la moissonneuse étant très dure.

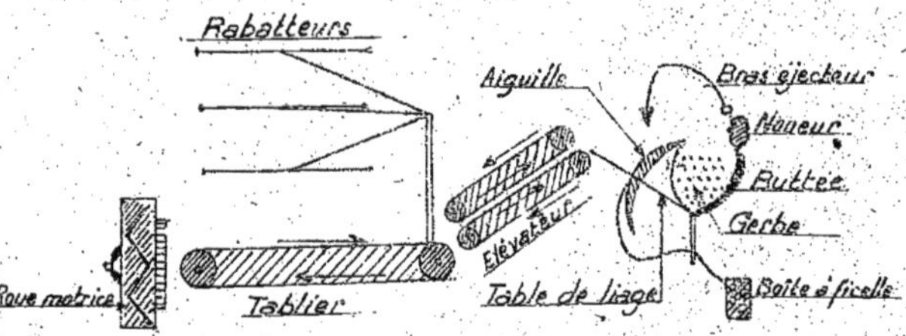

Schéma d'une moissonneuse

Une moissonneuse comprend un tablier sans fin, en toile, fixé derrière la lame. Les épis, que les rabatteurs font tomber sur ce tablier, sont entraînés par un appareil élévateur, formé de deux toiles sans fin, sur la table de liage, qui est inclinée. Ils sont maintenus par une butée à ressort: quand leur poids est suffisant, cette butée déclanche l'aiguille, qui ceinture la gerbe de ficelle, et dépose le bout de cette ficelle dans le noueur, qui fait le nœud et coupe la ficelle. Des bras éjecteurs expulsent alors la gerbe hors du passage des animaux. Tous ces instruments sont entraînés au moyen d'engrenages et de chaînes actionnées par une roue motrice à jante très large.

La bonne marche de la moissonneuse est une question de

réglage : il faut que la machine soit constamment bien graissée, les toiles bien tendues, le couteau du noueur en bon état, l'aiguille bien rectiligne, et la ficelle bien passée à sa place et de bonne qualité.

Battage

Une fois les récoltes rentrées, on procède au battage. Autrefois cette opération se pratiquait à bras, à l'aide d'instruments appelés fléaux. Cette manière de faire, très longue, est devenue très coûteuse, à cause du prix très élevé de la main-d'œuvre. Elle est de plus en plus remplacée par le battage mécanique.

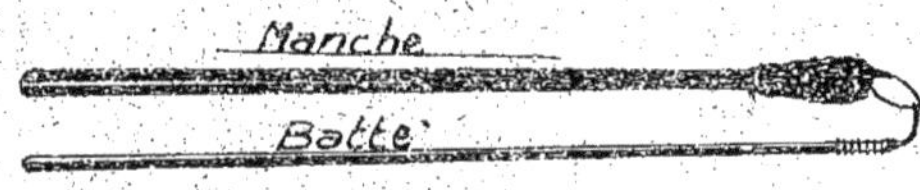

Petite batte

Fléau

Le battage mécanique s'opère au moyen de batteuses à grand travail, actionnées par un moteur à vapeur, à gaz, à essence, ou électrique. On connaît deux genres de batteuses : les batteuses en long ou en travers. Les 1ères sont étroites et prennent l'épi dans le sens de la longueur ; les secondes sont plus larges et prennent l'épi en large.

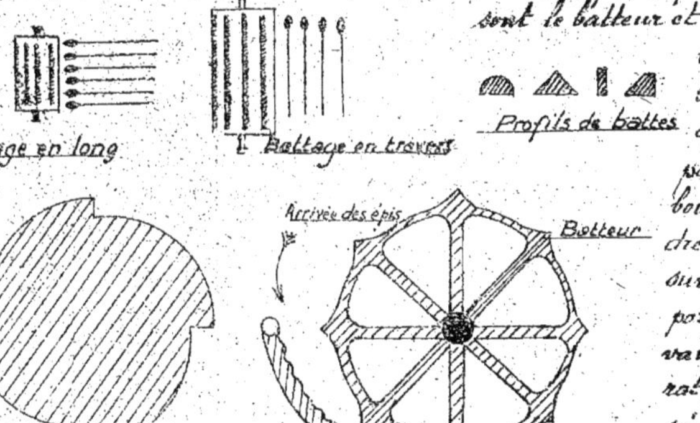

Profils de battes

Les pièces principales sont le batteur et le contre-batteur. Le batteur est constitué par un tambour ou cylindre tournant sur son axe, portant suivant les génératrices des aspérités, cornières d'acier, etc. En tournant, ce batteur entraîne les épis en les frictionnant contre le contre-batteur qui forme avec le cylindre un intervalle de plus en plus petit. Le contre-batteur étant mobile, on peut régler cet intervalle suivant les nécessités du battage.

Outre ces deux pièces, la machine à battre comporte un secoueur de paille, qui grâce à ses mouvements, amène celle-ci à l'extérieur bien rangée et triée. Il est formé d'un plancher à claire-voie dont les planches sont animées de mouvements alternatifs de bas en haut de façon que la moitié des planches est en haut, tandis que l'autre est en bas. Ce mouvement trie la paille qui glisse en avant.

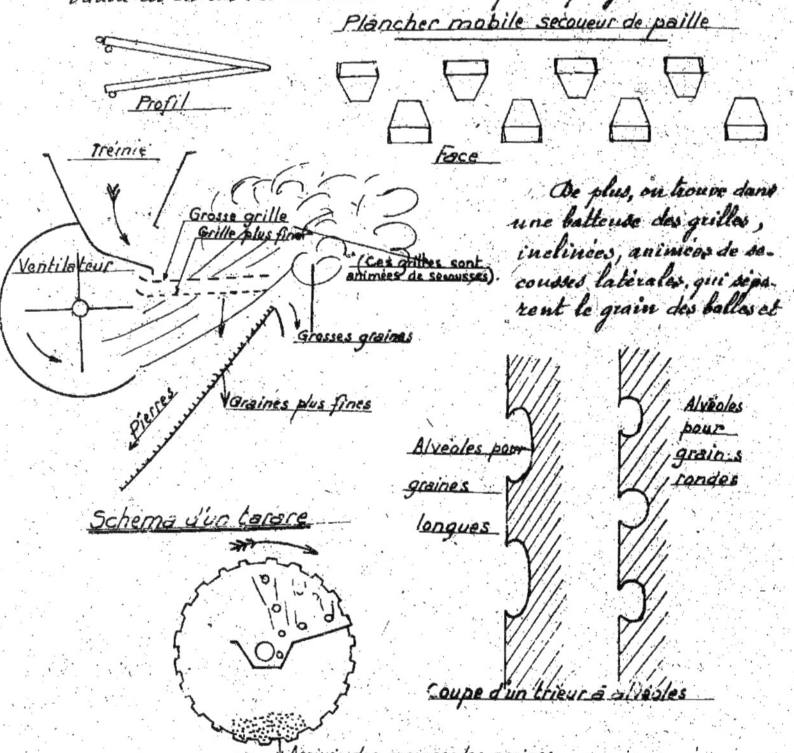

De plus, on trouve dans une batteuse des grilles, inclinées, animées de secousses latérales, qui séparent le grain des balles et déchets: le grain, lourd, glisse à travers les grilles, tandis que les balles et déchets sont expulsés par un violent courant d'air produit par un ventilateur à ailettes. Les grains arrivent au dehors par des trous appropriés permettant d'ensacher immédiatement, et pouvant se fermer à volonté par des volets de fer, à coulisses.

Après le battage, on nettoie le blé encore davantage au moyen d'appareils munis de grilles laissant passer les grains et retenant les pierres, tandis qu'un ventilateur expulse les poussières. Puis on les trie dans un appareil à alvéoles, formé de cylindres inclinés portant des alvéoles de différentes formes, séparant les grains de blé des autres graines. A cet effet, on a des alvéoles longues, rondes, etc.

6e Leçon

Les plantes agricoles

1° Plantes alimentaires.. a. Céréales.

Le blé. C'est la plus importante des céréales au point de vue alimentaire. Son nom latin est Triticum, auquel on ajoute le nom de chaque variété. On peut classer les variétés en deux grands groupes: le froment, à grain nu,

l'épeautre à grain vêtu, c'est-à-dire, dont les enveloppes ne se détachent pas au battage. C'est un blé à rendement faible, cultivé seulement dans les pays de montagne, à cause de sa grande rusticité.

Le blé est une plante herbacée annuelle, à feuilles engainantes alternes, portant à leur base une ligule longue arrondie et des stipules moyennes garnies de poils. L'épi est formé d'un axe central (rachis) portant des épillets sur lesquels s'insèrent les grains.

Le blé se sème soit à l'automne (Sep. Octobre), soit au printemps. (Février-Mars). Il faut que la température ne soit pas inférieure à 6°. Il germe en 8 à 10 jours. La floraison a lieu en

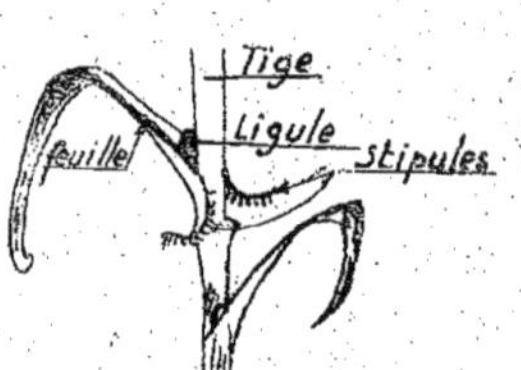

rachis
épillet
Glumelles
Glume

Mai-Juin : Comme les pluies sont à ce moment très dangereuses pour les fleurs, on mélange en semant 2 ou 3 variétés à dates de floraisons étagées.

Le blé pousse presque partout, mais il ne produit des récoltes rémunératrices qu'en terre riche (terres franches de préférence). On sème le blé dans un sol qui vient de porter des plantes sarclées, (betteraves, maïs) ou des légumineuses (luzerne) ou du sarrazin. Comme engrais, on enterre, à la culture qui précède celle du blé, 15000 kilogrs. de fumier par hectare. On y ajoutera 5 à 600 kilogrs de superphosphate à 15% d'acide phosphorique, plus un engrais potassique si le terrain est pauvre en potasse. Au printemps, si le blé est jaune et clair, on répandra dessus 150 à 200 kgrs de nitrate de soude.

Comme quantité de semences : 200 litres au semoir par ha ou 250 litres à la volée. On enterre à 5 cm à la herse ou au scarificateur. On écarte les lignes de 15 à 20 centimètres. Au printemps, on herse pour aérer, et on roule si la terre a été soulevée par la gelée.

On récolte à la maturité. Si on veut du blé de semence, il faut le laisser bien mûrir ; mais si on veut du blé de meunerie, on peut ne pas attendre trop, ce qui occasionne des pertes de grain. On reconnaît que le blé est mûr en le pressant dans les doigts : il ne doit pas s'écraser, mais l'ongle doit le rayer.

On coupe généralement le tour du champ et les parties versées à la faucille ou à la faux, car la moissonneuse ne travaille bien que si la récolte n'est pas trop enmêlée. Avant de rentrer les gerbes, il faut les laisser quelques jours sur le champ, afin de les faire sécher. On les dispose en petits tas réguliers, coniques, de 6 ou 8 gerbes. Quand les gerbes sont bien sèches, on les rentre sur le lieu de battage où on les met en meules.

Un bon rendement moyen est de 30 hectolitres de grain à

l'hectare. L'hectolitre pèse 75 à 80 kilgrs. 100 k. de blé pur donnent 75k. de farine moyenne, et 25k. de son et recoupes. 100 k. de bonne farine donnent 130 à 145 k. de pain.

Le seigle se sème fin Septembre ou début d'Octobre à raison de 2 hectolitres à l'hectare. Il lève en quelques jours. On le herse et le roule au printemps, et on récolte 3 semaines avant le blé semé à la même époque. Le seigle peut être très dangereux, car il est fréquemment atteint d'une maladie, l'ergot, qui produit dans les grains un poison violent ou ergotine, qui peut occasionner la paralysie et la gangrène des extrémités des membres. Il faut soigneusement le trier avant de l'utiliser. Ses rendements varient suivant les terres, entre 10 et 25 hectolitres par hectare, dont chacun pèse 75 kgrs. La paille est très souple et très solide. On en fait des paillassons, des liens etc..

L'avoine est surtout utilisé pour les animaux. On sème de bonne heure au printemps (février) ou à l'automne (Septembre-Octobre) à raison de 150/200 litres à l'hectare. Quand la plante a 3 ou 4 feuilles, on la herse, puis on la roule. Si la culture paraît en mauvais état, on lui donnera 100/150 kgrs de nitrate de soude par hectare. L'avoine d'hiver mûrit de 8 à 15 jours avant le blé; l'avoine de printemps ne mûrit qu'un peu après. Il faut moissonner avant complète maturité, car l'avoine s'égrène facilement. Comme rendement on a 50 hectolitres à l'hectare en année et en sol moyens. L'hectolitre pèse de 45 à 50 kilogrs.

L'orge surtout employée pour la fabrication de la bière, et la nourriture des animaux. Il lui faut des terrains riches, bien préparés. On lui donnera du fumier de ferme et un mélange de nitrate (100 k.) et de superphosphate (400 k.). On sème en Mars/Avril à raison de 200 litres à l'hectare. On enterre à 6 ou 8 centimètres. Quand les plantes ont 3 feuilles, on herse et on roule. La maturité a lieu bien après celle de l'avoine de printemps. Rendement de 30 à 40 hectolitres à l'hectare.

Le sarrazin exige des terres riches, bien préparées. Souvent, on le cultive sur un terrain devant porter le blé ensuite : aussi, on lui donne le fumier nécessaire au blé. On y ajoute 400/500 kilogrs de scories et 100 kilogrs de nitrate; de la potasse si le sol en manque.

On peut semer depuis fin Mai jusqu'au début de Juillet,

à la volée, immédiatement après un labour, à raison de 60 litres à l'hectare. (Il faut semer clair). Point n'est besoin de soins: le sarrazin pousse très épais et étouffe toutes les autres plantes. Il faut laisser les gerbes sur le terrain au moins 15 jours, car la paille est très longue à sécher. Rendement: 30/35 hectolitres à l'hectare. Poids moyen d'un hectolitre: 60 kilogrammes.

Le Maïs exige des sols profonds et frais. Pourvu que le terrain ne soit pas sec, il vient très bien. Comme engrais, si on cultive après lui du blé, on lui donne 20.000 kilogrs. de fumier, 100 kilogrs. de nitrate et 4.000 kgrs. de superphosphate par hectare. On sème en Avril-Mai, en poquets de 3 graines séparées par un espace de 30 cm. Les lignes sont espacées de 70 cm. On enterre à 5 cm. Dès que les plantes lèvent, on bine le maïs, et on bine une nouvelle fois 3 semaines après; à ce moment, on choisit dans chaque poquet le meilleur plant et on enlève les deux autres, qui seront employés pour les animaux. On buttera chaque pied dès qu'il aura 50 cm de hauteur.

En Août on enlève les fleurs mâles, et à la fin d'Août on enlève les feuilles qui seront distribuées aux animaux. On récolte en Septembre, à la main, en détachant les épis à mesure de leur maturité: on s'en aperçoit à la couleur des feuilles qui entourent les épis (spattes). Ces feuilles blanchissent quand l'épi est mûr. Il faut avoir soin, en récoltant, d'enlever les spattes qui pourraient faire moisir les épis. On brûle tout ce qui reste sur le champ (tiges, débris...) On peut garder les spattes pour faire des matelas, ou les vendre à une papeterie. Pendant l'hiver, on égrène les épis au moyen de machines à main.

Rendement moyen: 40 hectolitres de grains à l'hectare.
Poids de l'hectolitre: 75 kgrs environ.

b. Betteraves. Cultivées surtout pour le sucre, l'alcool et la nourriture des animaux. On classe les betteraves en variétés fourragères, donnant de gros rendements, mais peu riches, et en variétés demi-sucrières et sucrières, plus petites, mais de valeur alimentaire beaucoup plus élevée. Pour la nourriture des animaux, il faut employer de préférence les demi-sucrières, qui sont plus riches en eau que les sucrières et plus riches en matières nutritives que les fourragères.

La betterave craint les pays trop froids et demande beaucoup d'humidité. Il lui faut des sols riches, fertiles, profonds, bien préparés et bien fumés. Voici un exemple de formule de fumure employée dans l'Ouest, où elle donne d'excellents résultats:

Fumier..................de 35 à 40.000 kgrs à l'hectare
Nitrate de soude.............300 " " "
Superphosphate (15%).. 5 à 600 kgrs " "
Chlorure de potassium.. 5 à 600 " " "

On enfouit le fumier au labour d'hiver, le super, la potasse et les 2/3 du nitrate au labour de semis, et le reste du nitrate en couverture au moment du démariage. Etant donné que la betterave suit généralement le blé dans l'assolement, on exécute ainsi les travaux :

1. Déchaumage après la moisson ;

2. Labour à 25/30 cm pendant l'hiver, avec enfouissement du fumier ;

3 Au printemps, scarifiage, hersage, roulage, puis un deuxième labour, parfois même un troisième, avec du fumier et les autres engrais.

On sème du 15 Mars au 15 Mai, plutôt un peu tard que de trop bonne heure. On sème en poquets, à la main (6 kgrs de graines à l'hectare) ou au semoir (25 kgrs. de graines à l'hectare). On espace les lignes de 70 cm environ (si on a une houe à 3 ou 4 rangs, on peut espacer moins) et les poquets de 25 à 30 cm. Après le semis, il faut rouler. Quand les plants auront 3 feuilles, on procèdera à un premier démariage, en laissant 2 ou 3 plants par poquet. Puis, un peu plus tard, quand les plants seront assez robustes, on ne laissera plus qu'un plant par poquet.

Pendant la culture, il faudra continuellement biner et sarcler, à la main sur les lignes, à la houe attelée entre les lignes. Il faut se rappeler que c'est de la fréquence des binages que dépend le bon rendement de la culture. Dans certaines régions, on a la mauvaise habitude d'enlever une partie des feuilles pendant la végétation : c'est une habitude néfaste qui diminue énormément les rendements.

On récolte en automne, quand le champ commence à avoir une teinte jaunâtre. On arrache d'abord les feuilles, puis on les passe et on déterre les racines en les poussant du pied.

On rentre la récolte de betteraves dans des celliers, des

silos. Il faut que ces endroits soient le plus sombres possible, bien secs, et le plus frais possible. Il faut également qu'ils soient bien aérés. En moyenne, on obtient 60.000 kgrs à l'hectare (parfois 30.000 kgrs, parfois 100.000, suivant la variété, le temps, les soins et les engrais apportés).

c) Pommes de terre. Demande des sols légers, profonds, calcaires ou siliceux de préférence, un climat tempéré, une humidité moyenne, et beaucoup de lumière. Une grande chaleur n'est pas nécessaire. Le terrain sera profondément et soigneusement préparé. La pomme de terre exige beaucoup de potasse; on lui donne 35 à 40000 kgrs de fumier, 150 kgrs de nitrate, 500 kgrs de superphosphate, et 300 kgrs de chlorure de potassium par hectare.

On plante dès qu'on ne craint plus les gelées (Mars à Mai suivant la région). On choisit les tubercules moyens, portant des yeux vigoureux, sains et bien conformés. En grande culture, on plante généralement à la charrue: on ouvre un sillon de 6 à 10 cm de profondeur dans lequel une équipe de planteurs dépose un plant tous les 30 cm. On sépare les lignes de 50 à 60 cm. Puis on comble ces sillons à la binette.

Pendant la végétation, il faut biner et sarcler souvent, à la main et à la houe, et on butte avant que les feuilles ne soient trop grandes, car alors le passage du buttoir les abîmerait.

On récolte quand les fanes (tiges et feuilles) sont sèches et jaunes. On déterre les tubercules à la main (houes-crocs) ou à la charrue. On peut trier sur le terrain et ramasser à part les petits, moyens et gros tubercules. Il est bon de laisser les pommes de terre sécher quelques jours sur le terrain.

Les rendements varient de 10.000 à 35.000 kgrs à l'hectare, suivant les variétés, les terrains, les soins apportés, etc... L'hectolitre pèse environ 65 kgrs.

2° Plantes fourragères.

a. Prairies naturelles. Surfaces couvertes d'herbe qu'on fait pâturer et qu'on récolte pour en faire du foin. Les prairies sont très florissantes dans les pays à climat tempéré, plutôt humide, car elles exigent beaucoup d'eau. On les trouve surtout au bord des rivières, dans les vallées. Si le terrain est marécageux, ou ne peut y avoir de prairies intéressantes qu'en enlevant l'excès d'eau par le drainage de ce terrain. Il faut aussi que le sol ait une composition chimique complète, sinon il faut lui apporter les éléments qui lui manquent.

On trouve dans une bonne prairie des Graminées : Paturin - Vulpin - Fléole - Ray-grass - Dactyle - Fétuque - Fromental, et aussi des légumineuses :

Trèfle - Luzerne, etc...

Dans certaines prairies, on trouve des plantes nuisibles : Joncs - Carex - Rinanthe - Ajoncs - Bruyères - Ronces - Chardons, etc.. Pour s'en débarrasser, il faut les arracher avant qu'ils ne produisent des graines, et assainir le terrain, car ces plantes viennent dans les terres qui ne sont pas complètes, ou trop sèches, ou trop humides.

Si on fait paturer les prairies, il faut pratiquer l'ébousage, c'est-à-dire épandre sur le terrain, au moyen d'une fourche, les excréments des animaux, sinon l'herbe pousse en grosses touffes sur leur emplacement, et ces touffes ne sont pas mangées par les bovins.

Sur les prairies, on emploie surtout les engrais liquides, tels que purin, eaux d'égoûts, etc .. qu'on répand au moyen de tonnes de fer montées sur roues et traînées par un cheval. On fait cette opération au printemps.

Si on veut faucher la prairie, il faut arrêter le pâturage de bonne heure au printemps. On coupe l'herbe quand les principales espèces sont en fleurs. Il ne faut pas trop attendre, car on aurait un foin dur. On coupe à la faux ou à la faucheuse. Le fanage se pratique aussitôt : si le temps est beau, on attend le matin que la rosée ait disparu (8 heures au soleil environ) puis on éparpille les andains de la faucheuse ou moyen de fourches ou d'une faneuse, instrument composé de fourches animées de violents mouvements alternatifs de bas en haut, qui retournent parfaitement l'herbe et aèrent toutes ses parties. Après midi, on retourne l'herbe en la secouant, puis on recommence vers 3/4 heures. Aussitôt après on ramasse l'herbe en andains parallèles et on fait de petits tas coniques qui, s'ils sont bien faits, peuvent supporter la pluie pendant plusieurs jours, sans laisser l'eau pénétrer à l'intérieur.

Le lendemain, si le temps est beau, on recommence ces opérations, et ainsi de suite. 3 ou 4 jours suffisent généralement pour que le foin soit parfaitement sec et bon à rentrer dans les greniers affectés à cet usage. On s'aperçoit que le foin est bon à rentrer en tordant une poignée dans ses mains : l'herbe doit se briser facilement. Un bon foin est de couleur vert clair, d'une odeur agréable.

Rendement moyen d'une bonne prairie : 4/5000 kgrs de foin sec à l'hectare.

b). **Prairies artificielles.** Les 3 principales sont formées de trèfle, sainfoin, luzerne.

Luzerne. Se sème au printemps, dans une céréale semée clair. On emploie 20 à 30 kgrs de graines par hectare, et on enterre à la herse et au rouleau. La luzerne végète lentement la première année, et atteint son maximum la deuxième année. Comme entretien, on épierre, on herse, on apporte du purin, des scories en hiver, etc...

Le fanage de la luzerne doit être pratiqué avec précautions, car les feuilles sont fragiles. On peut aussi couper au fur et à mesure des besoins et faire consommer en vert. La culture de la luzerne dure 5 ans en moyenne, et on ne devra la faire revenir sur le même terrain que plusieurs années après.

Trèfle. Se sème au printemps, comme la luzerne, dans une céréale. On emploie 25 kgrs de graines à l'hectare. La plante germe rapidement et fleurit fin mai. On a une première récolte à l'automne d'après, mais la meilleure sera pour le printemps suivant. On a généralement 3 coupes par an, et il est bon de ne garder le trèfle qu'un an sur le même terrain. On le défriche après la 2e coupe, en Septembre, et on ne le cultivera de nouveau sur le même terrain que 5 ou 6 ans après. Le trèfle est surtout consommé en vert, car il est très difficile à faner et à conserver.

Sainfoin. Se sème en mars, dans une céréale de printemps, à raison de 5 à 6 hectolitres de graines à l'hectare. On enterre par un fort hersage. L'automne suivant, on peut déjà avoir un bon pâturage. On épierre en hiver, et on roule au printemps. On récolte en mai-juin, et on en fait du foin qui est excellent, alors que les animaux ne l'aiment pas beaucoup en vert. Le rendement est très variable : de 2.500 à 10.000 kgrs de foin sec à l'ha. Durée de la culture : 2/3 ans.

3° **Plantes industrielles.** Comprennent des plantes utilisées pour produire de l'huile (olives, œillette-lin...) des fils des étoffes (lin, chanvre) du sucre (betteraves), des teintures (garance) ou des produits comme le vin, le tabac, la bière, etc... Toutes ces cultures sont très spéciales et localisées dans certaines contrées, où le climat, le sol, s'y prêtent, où des débouchés importants leur sont offerts, et où par conséquent leur culture est très intéressante. Mais il ne faut pas les entreprendre dans une région, où on ne les cultive pas déjà, à moins d'être bien certain de la réussite. Certaines de ces cultures, comme celle des plantes tinctoriales, tendent à disparaître devant l'extension des teintures chimiques d'aniline, qui reviennent bien meilleur marché. D'autres, comme les plantes médicinales, les plantes oléagineuses, constituent à elles seules, une industrie dont l'apprentissage doit se faire sur place, car il est très minutieux, très compliqué.

7e Leçon

Maladies des plantes cultivées

S'attaquent aux plantes affaiblies par une mauvaise saison, des soins de culture insuffisants, manque d'engrais, etc... Certaines variétés de plantes y sont plus sujettes que d'autres. Par exemple, dans les pays où règne le mildiou de la vigne, on devra chercher à trouver une variété de plants résistants à la maladie, qu'on emploiera de préférence à toute autre.

Rouille. On en connaît trois sortes : la rouille linéaire, la rouille tachetée, la rouille couronnée.

La rouille linéaire apparaît au mois de mai, sous forme de taches jaunes allongées situées sur tous les organes verts de la plante. Ces taches grandissent et donnent pendant l'été une poussière fine qui, emportée par le vent, reproduit la maladie. Cette maladie produit tous les ans des dégâts considérables dans les céréales. Le traitement est surtout préventif et consiste à tremper les graines, avant le semis, dans une solution de sulfate de cuivre.

La rouille tachetée attaque le blé, l'orge, le seigle. Les taches sont plus étalées et de couleur plus foncée.

La rouille couronnée attaque surtout l'avoine, et se manifeste par des taches sphériques sur les feuilles et les tiges.

Le traitement de ces deux maladies est le même que pour la rouille linéaire.

Le charbon transforme les grains de céréales en poussière noire. Il peut détruire des récoltes entières. Le traitement est surtout préventif. On connaît deux procédés principaux : 1° Le procédé Dombasle, qui consiste à disposer les semences en tas sur un sol dallé ou cimenté, puis à verser sur ce tas une solution de sulfate de cuivre à 1% c'est-à-dire qu'on fait fondre 1 kg. de sulfate dans 100 litres d'eau. En même temps, on saupoudre légèrement le tas de chaux éteinte. Ensuite, on l'étend en couche mince et on le laisse sécher. 2° Le procédé Kuhn qui consiste à immerger le blé pendant 12 à 16 heures dans une solution de sulfate de cuivre à 0,5% (0k.500 pour 100 litres d'eau) au bout de ce temps, on étale le tas par terre pour le faire sécher.

La Carie est une maladie ayant des effets semblables et se traitant de la même manière que le charbon.

Le Mildiou est une maladie qui attaque un grand nombre de plantes et se manifeste de façon différente avec chaque plante. Ses dégâts sont toujours considérables. On traite préventivement les plantes en pulvérisant dessus des bouillies cupriques dont les formules sont données plus loin.

Le phylloxera est un insecte minuscule dont les dégâts terribles dans nos vignobles sont bien connus. Il est malheureusement impossible de s'en préserver parfaitement. Toutefois, des pulvérisages répétés de bouillies à base de sels de cuivre donnent d'excellents résultats.

Formules de bouillies cupriques.

Bouillie Bordelaise. On met à dissoudre dans un baquet de bois 2 kgr. de sulfate de cuivre dans 90 litres d'eau. Dans un autre récipient, on mélange 20l. d'eau et 1 kg. de chaux, puis on mélange ces deux produits en s'arrêtant de verser l'eau de chaux quand le mélange est neutralisé, ce dont on s'aperçoit au moyen de papier de tournesol.

Bouillie bourguignonne. Se fait comme la précédente, mais on emploie du carbonate de soude ou de potasse à la place de la chaux. (Dose: 425 gr. de carbonate par kgr. de sulfate de cuivre).

Eau Céleste. On fait fondre dans un baquet de bois 1 kgr. de sulfate de cuivre pour 100 litres d'eau. Puis on verse 1 l. ½ d'ammoniaque, et on ajoute 100 litres d'eau dans laquelle on a mis 1 kgr. de savon noir pour donner de l'adhérence à la bouillie.

Bouillie Michel Perret. C'est une bouillie bordelaise dans laquelle on a ajouté 500 gr. de mélasse délayée dans 10 litres d'eau. On peut ajouter aussi aux bouillies de l'huile de lin, du sulfate d'alumine (1%), etc... pour leur donner de l'adhérence.

En règle générale, pour lutter contre les maladies des plantes cultivées, il faut soigneusement choisir ses semences, apporter à la culture tous les soins, ne pas plaindre l'engrais ni les travaux d'assainissement et ne négliger aucun détail.

8e Leçon

Zootechnie

La zootechnie est la science qui s'occupe de la reproduction, de l'élevage et de l'utilisation des animaux domestiques. On appelle bétail l'ensemble des animaux soumis à la volonté de l'homme, qui les élève en vue d'en retirer un bénéfice quelconque.

La zootechnie n'enseigne pas uniquement la manière de faire vivre le bétail en bonne santé : en effet, nous savons que dans certains cas, l'homme a tout avantage à altérer cette santé. Exemple : l'engraissement des oies en vue de la production de foies énormes, absolument anormaux. Si l'on ne tuait pas les oies ainsi traitées, elles mourraient rapidement par envahissement de leurs organes par la graisse.

Dans chaque espèce animale, il existe différentes races qui, tout en ayant les caractères généraux de l'espèce, présentent entre elles des différences produites par leurs conditions de vie, le climat, la nature du sol qui fait pousser les plantes dont elles se nourrissent, etc... C'est ainsi que nous voyons en normandie, terre riche, aux pâturages abondants, au climat tempéré, une race de bovins de grande taille, tandis que la race bretonne ne donne que des animaux petits, quoique excellents, car la Bretagne est une terre pauvre. C'est pourquoi il faut se garder d'introduire dans un pays pauvre, une race de pays riche, car elle y dépérirait très vite; c'est aussi la raison qui explique les différences de production du lait, qui exige beaucoup d'humidité; c'est aussi pourquoi certains laits sont plus riches en beurre que d'autres. En effet l'eau agit sur la quantité, alors que si les aliments sont uniquement riches en eau et non en matières grasses, etc..., le lait quoique abondant, sera pauvre en beurre.

L'alimentation fournie aux animaux varie donc selon le produit que l'on en veut retirer. Si l'on veut tirer des animaux un produit alimentaire, si en un mot on veut de la viande, on les nourrira, dans ce but, d'aliments abondants, riches, contenant les matières capables de donner de la graisse, après leur digestion par les animaux. Il ne faut jamais perdre de vue ce fait que la ration d'un animal doit contenir : d'une part une quantité de matières nutritives destinée à réparer les forces dépensées par l'animal, d'autre part une quantité de matières nutritives qui servira à l'accroissement de l'animal.

Un animal, jeune, doit trouver dans sa ration une quantité importante d'acide phosphorique, qui a pour but de former la charpente osseuse, de lui donner de la force, de la solidité. Ses aliments devront être très digestibles pour ménager les organes fragiles du jeune sujet. Au moment du sevrage, ces aliments devront avoir une composition voisine de celle du lait de la mère, afin que la transition soit insensible.

Un animal à l'engrais devra trouver dans ses aliments des matières hydro-carbonées en abondance : en effet, les hydrates de carbone, absorbés par l'organisme, se fixent dans le corps sous forme de graisse. Une partie se transforme en chaleur; une autre en force, l'excédent devient définitivement de la graisse. C'est pourquoi, on tient enfermés, au repos, presque sinon tout à fait absolu, les animaux à l'engrais, car si on les laisse aller et venir, ils dépensent de la force et utilisent à cet effet les hydrates de carbone qu'ils absorbent en vue de l'engraissement, tels que les matières féculentes (pommes de terre, fécule, amidon, cellulose, etc.).

Les animaux de travail recevront donc également des hydrates de carbone, mais moins de matières grasses. Le volume de leur ration sera également moindre, à richesse égale, pour leur laisser leur agilité. Leurs locaux seront plus clairs, plus aérés. On introduira dans leur ration des aliments susceptibles de fortifier leur ossature. (phosphates), etc...

En règle générale, les locaux destinés aux animaux devront réunir les conditions suivantes: être bâtis sur un terrain sec, de préférence dans les parties élevées de l'exploitation; être aérés et éclairés abondamment (toutefois l'obscurité relative est un avantage pour l'engraissement). D'autre part, ils devront être assez éloignés des endroits où se trouvent les machines, ceci en vue de respecter leur repos. Les trépidations, le bruit, toutes les causes d'énervement des animaux sont nuisibles, surtout si l'on veut engraisser ceux-ci. Ces mêmes causes sont à redouter, à plus forte raison, pour les femelles en gestation. Les animaux devront être constamment propres, (étrillés, brossés, lavés, etc...) ainsi que les locaux; il est très nuisible que les bestiaux restent plusieurs semaines de suite, comme cela se produit parfois, dans leur fumier. Cet inconvénient peut devenir très grave pour les chevaux, car le fumier de cheval très fermentescible, échauffe les pieds des animaux, ramollit la corne, et peut servir d'asile à des germes de maladies contagieuses.

Elevage des bovins. Comprennent le mâle ou taureau, la femelle, ou vache, le neutre ou bœuf, obtenu par ablation chez les jeunes taureaux (veaux mâles) des testicules. La vache, quand elle n'a pas encore eu de veau, se nomme génisse.

On élève surtout les taureaux pour la reproduction de l'espèce. Un taureau peut commencer à servir dans ce but à l'âge de 12 à 18 mois, suivant sa précocité, et il suffit d'un mâle pour

40 femelles. On ne garde guère un taureau plus de 5 ans, sauf s'il est un reproducteur exceptionnel.

La vache est élevée en vue de la production du lait et des jeunes. Une vache est apte à la reproduction quand se manifestent les premières chaleurs, vers l'âge de 12 à 18 mois, comme le taureau. Les chaleurs ont lieu quand un ovule arrive à maturité. Si à ce moment l'accouplement a lieu, l'ovule mûr est fécondé et la gestation commence. Elle dure environ 285 jours (entre 240 et 335). La vache en gestation, surtout à la fin, sera nourrie d'aliments concentrés, pour éviter d'augmenter le volume de la panse, qui paraît gêner le fœtus. On devra la mettre, dans les 15 jours qui précèdent la mise-bas, dans un lieu calme. Il faut éviter de la brutaliser, de l'effrayer, etc... Les refroidissements brusques peuvent être fatals au veau, ainsi que les chocs, etc...

Les veaux sont élevés différemment suivant qu'on les destine à l'élevage ou à la boucherie. On ne garde pour l'élevage que les veaux et génisses bien constitués sous tous les rapports. Les autres, engraissés rapidement, sont vendus à la boucherie. Les veaux d'élevage auront une nourriture saine et abondante, mais il faut éviter de les engraisser, car cet engraissement pourrait arrêter leur développement. On les met au pâturage le plus souvent possible, dès qu'ils sont sevrés (6 mois), et dès que la température le permet.

L'alimentation des vaches laitières sera aqueuse, abondante et nutritive, très régulière comme composition et quantité, et ne devra pas contenir de substances capables de donner un goût au lait (crucifères).

Elevage du cheval. Le cheval est destiné à produire du travail. On distingue : le cheval entier (mâle)
la jument (femelle)
le cheval hongre (neutre)

On castre généralement les chevaux non destinés à la reproduction, car ils ont une humeur plus douce, un caractère moins capricieux que les chevaux entiers (encore appelés étalons).

La jument a une gestation d'une durée moyenne de 320 jours. On peut faire saillir une jument à 30 mois. Pendant les 3 premiers mois, la nourriture ne change pas ni le travail. Puis on réduit le travail progressivement, jusqu'à le supprimer vers le 6e mois. On se contente alors de promener la bête. La nourriture deviendra plus concentrée; on supprime une partie des aliments grossiers (foin, etc..) que l'on remplace par des aliments concentrés. Les excitants comme l'avoine, sont supprimés, et remplacés par de l'orge, du son, des tourteaux etc..

Pendant deux semaines, on laisse le poulain téter à volonté. Si le temps est favorable, on le met au pâturage avec sa mère, pour qu'il s'habitue à l'herbe. Puis on le sépare de sa mère, et on ne le mène à téter que 4 fois par jour: le matin, de très bonne heure, puis à midi, ensuite dans l'après-midi par 2 fois. On peut aussi, après le repas de midi, ne mettre qu'une fois le poulain avec la mère, en les mettant tous deux au pâturage vers 4 ou 5 heures. On habitue peu à peu le poulain au foin (qui sera haché) à l'avoine aplatie, etc...

Le cheval de travail doit être bien nourri, constamment entretenu dans un état de propreté parfait, ainsi que les écuries. Son alimentation sera abondante, facile à mastiquer et à digérer. Il faut éviter de brutaliser les chevaux, car c'est ainsi qu'on les rend méchants, indociles, craintifs ou vicieux.

Les autres bestiaux sont le Porc et le Mouton.

Le porc, dont toutes les parties sont utilisables est engraissé intensivement au moyen de déchets de cuisine, os, viande inutilisée, pommes de terre bouillies, son, eaux grasses, etc ... Contrairement à ce que l'on croit, le porc est un animal propre. Il ne se roule dans la boue que parce qu'il aime l'humidité; s'il trouvait un bassin où se baigner, il ne manquerait pas d'y aller fréquemment. Les porcheries sont généralement sombres et fraîches, ce qui favorise l'engraissement. La place réservée à chaque bête est réduite, sauf pour les reproducteurs. Les jeunes sont mis au pâturage, en liberté. On leur met un anneau dans le nez pour éviter qu'ils ne retournent la prairie en fouillant le sol pour y rechercher des racines. Les porcs d'engrais sont castrés jeunes, et enfermés dans une stalle étroite, dans le coin le plus sombre de la porcherie. On les gave jusqu'à ce qu'on s'aperçoive qu'ils n'augmentent plus de poids; à ce moment on les vend.

Les truies peuvent être livrées à la reproduction vers l'âge de 8 mois pour les races précoces, un peu plus tard dans les autres cas. Les jeunes truies destinées à la reproduction devront être élevées spécialement dans ce but, de façon à éviter l'engraissement qui nuit à la fonction génitale. La durée de la gestation varie entre 110 et 120 jours, ce qui fait qu'une truie peut donner deux portées par an. Chaque portée doit comporter au moins 5 à 6 gorets. Une bête qui en donnerait moins ne sera pas conservée pour la reproduction. D'autre part, il ne faut pas laisser à une truie plus de 10 gorets, et quand la bête en a plus, on supprime les moins vigoureux. Au moment de la mise-bas, il arrive fréquemment que les truies étouffent ou même dévorent les petits: aussi fera-t-on bien de les enlever au fur et à mesure de leur venue, et on les ramène à la mère quand tout est fini.

Il faut éviter de déranger, d'effrayer les truies qui nourrissent. Les courants d'air, les refroidissements peuvent lui être fatals. On fait téter les gorets 5/6 fois par jour pendant les 3 ou 4 premières semaines. Au bout de ce temps, on commence à les sevrer, en supprimant d'abord une tétée, puis 2, et en remplaçant ces tétées par du lait tiède additionné de farineux. Le sevrage doit être accompli à la fin de la 6e semaine. Comme quantité de nourriture à donner aux porcs sevrés: tout ce qu'ils peuvent consommer sans faire de déchets.

Le porc consomme aussi bien les substances animales que végétales. On utilise pour sa nourriture: pommes de terre, carottes, betteraves, topinambours, grains, farines, fourrages verts, etc..., eaux grasses, lait écrémé, lait de beurre, déchets de fromagerie, marc de pommes, tourteaux, sons, drèches, pulpes, touraillons, mélasse, viande à bas prix, sang, etc...

Les racines et les tubercules doivent être cuits, les grains concassés.

L'élevage du mouton se pratique dans certaines contrées sèches, où les pâturages sont trop pauvres pour nourrir le gros bétail. Les moutons, en effet, tondent l'herbe très près du sol, alors que les bovins ne coupent que jusqu'à quelques centimètres. Le piétinement des moutons tasse énormément le sol qui exige de nombreuses façons culturales. L'élevage du mouton ne réussit pas dans les pays humides, car cet animal craint les maladies du pied (piétin) qui le déciment dans les prairies trop fraîches

Basse-Cour. Les principales espèces animales composant la basse-cour sont : les coqs et poules
les oies, canards,
dindons pintades, etc...
lapins, cochons d'inde (cobayes).

Les poules sont surtout utilisées pour la production des œufs, et toute la basse-cour fournit une viande recherchée constituant une nourriture délicate et appréciée. Les plumes sont utilisées pour la confection d'oreillers, d'édredons, coussins (duvet) ou pour la fabrication de plumeaux, ornements de coiffures féminines, etc...

En général, la basse-cour est fort mal entretenue en France : on laisse les volailles en liberté complète ; elles cherchent leur nourriture où et comme elles peuvent, le poulailler est sale, mal disposé, etc... On peut obtenir, en soignant bien ces animaux, un produit plus que doublé avec une dépense minime et des soins peu absorbants.

Le poulailler devra être assez grand pour contenir à l'aise tous ses habitants. Chaque poule occupant de 15 à 20 c.m², un poulailler pour 80 à 100 poules aura 20 mètres carrés, soit environ 4m × 5m et une hauteur de 2m au moins. Le sol sera cimenté et les murs seront aussi lisses que possible, pour faciliter le nettoyage. Le mobilier comprend des juchoirs et des pondoirs.

Les juchoirs seront formés de barres en bois de 10c.m. de largeur, à angles effacés, disposés à environ 50cm à 1m du sol. Ils seront espacés de 45cm entre eux, et seront assez longs pour contenir à l'aise toutes les poules. Il faut compter 2m pour 10 poules.

Les juchoirs seront tous à la même hauteur pour éviter les batailles entre poules qui veulent toutes monter plus haut que les autres.

Les pondoirs, en osier ou en bois, devront être assez grands pour une poule, mais trop petits pour deux. Ils seront disposés à 50cm du sol. Si on les met plus haut, il faut les munir d'une petite échelle. On les garnit de paille coupée ou de balles d'avoine.

Le poulailler devra être constamment propre. On le désinfectera complètement au moins une fois par an, au moyen d'eau contenant 1% de sulfate de cuivre. Les murs seront blanchis à la chaux, les nids désinfectés, séchés et regarnis aussi souvent qu'il sera nécessaire, c'est-à-dire dès qu'ils sont mouillés ou sales.

On a tout intérêt à bien nourrir les volailles, surtout qu'à la ferme on a d'excellente nourriture à bon compte.

Les reproducteurs ne serviront que 2 ou 3 ans et seront remplacés ensuite. Un coq suffit pour 10 poules. On a avantage à faire couver de façon que les poulettes naissent en Avril, car alors elles commencent à pondre en Octobre suivant et continuent pendant l'hiver. Or, les œufs ont plus de valeur marchande l'hiver que l'été. Il faut donc mettre les œufs en incubation fin Février, Mars, de façon à faire naître les jeunes en Avril

Une poule donne en moyenne 100 à 120 œufs par an, et pond environ 4 à 5 ans. Il ne faut pas la garder plus longtemps.

Les Canards, peu difficiles à élever et à nourrir, exigent cependant une mare ou une rivière à proximité. Le produit recherché est surtout la viande. Il faut laisser les canards en liberté. Les oies n'exigent pas de mares, mais une grande liberté ; elles restent toujours groupées et s'en vont souvent seules au pâturage, parfois assez éloigné de leur logis. Il est très rare qu'une oie se sépare de son troupeau, c'est pourquoi on peut les laisser en liberté. Leur chair est excellente, et leur duvet très apprécié. Dans certaines régions on les gave, c'est-à-dire qu'on les enferme dans des cages étroites (épinettes), placées dans des caves obscures, et on leur fait absorber de force de grandes quantités de nourriture. Leur foie, s'hypertrophie et devient énorme. On fait des pâtés qui se vendent fort chers.

Les Dindons exigent de grands espaces. Avec un élevage rationel des jeunes dindonneaux, une alimentation abondante et saine, ils donnent de bons produits. Il faut surtout avoir toujours soin de garantir les dindonneaux du froid et de l'humidité.

Le lapin, très prolifique, est d'un excellent rapport, surtout si on ne perd pas de vue ces deux principes essentiels :

1° Étant donné la claustration continuelle où l'on tient le lapin, il faut avant toute chose lui assurer de l'air, de la lumière et de la chaleur en quantité suffisante.

2° Il faut constamment entretenir les clapiers en état de propreté parfaite.

L'humidité des clapiers est une cause très fréquente des maladies des lapins. Il faudra donc installer les clapiers dans un lieu sec et bien aéré, renouveler fréquemment la litière.

La tranquillité est aussi un facteur essentiel de réussite : en conséquence, le lieu choisi pour établir les clapiers sera le plus éloigné possible de toute cause de bruit, de trépidations, comme les hangars à machines, etc...

Quant au cobaye, ou cochon d'Inde, il s'élève parallèlement au lapin.

Hérédité. L'hérédité est la loi qui préside à la reproduction des espèces animales. C'est elle qui fait que les enfants ressemblent, aussi bien physiquement que moralement, à une personne quelconque parmi leurs ascendants : père et mère, grands parents, oncles, tantes, etc...

Suivant le côté d'où vient cette ressemblance, l'hérédité est dite unilatérale, si le fils ressemble surtout à son père ou à sa mère ; bilatérale, s'il ressemble aux deux à la fois ; elle peut encore être atavique, si le sujet tient plutôt de ses aïeux, grands parents, etc., que de ses parents directs ; on connaît encore l'hérédité par influence, qui, selon certains auteurs, ferait que la mère, fécondée une première fois par un mâle, imprimerait à tous ses descendants les caractères de ce premier mâle. Cette question, très discutée, est loin d'être élucidée.

Certaines maladies et malformations sont héréditaires, c'est-à-dire que les enfants naissent avec ; certaines ne le sont pas, mais le sujet sera faible des points faibles chez ses parents, et par conséquent sujet à contracter ces tares ou maladies. C'est ainsi que nous voyons que les tares osseuses ne sont pas héréditaires, mais les sujets nés de parents affligés de tares osseuses ont un système osseux faible, et il faut fortifier et développer soigneusement leur ossature, sinon ils contractent infailliblement les mêmes tares que leurs parents, généralement plus accentuées.

Les maladies du système nerveux sont héréditaires : la folie, le tic du cheval, le cornage, etc...

La tuberculose n'est pas héréditaire : un enfant né de parents tuberculeux ne naît pas tuberculeux, mais contracte rapidement la tuberculose s'il n'est séparé promptement de ses parents, et soigné énergiquement en vue de prévenir la maladie.

9e Leçon

Constructions agricoles.

Les indications qui suivent n'ont pas la prétention d'être un cours, même élémentaire d'architecture. Elles ont seulement pour but de donner les lignes générales, les principes auxquels on doit se conformer chaque fois qu'il est possible de le faire, et dans la mesure de ses moyens.

En règle générale, les logements des animaux, et les locaux destinés aux récoltes doivent être exempts d'humidité. On les construit dans ce but, sur les parties élevées de l'exploitation; il faut les établir sur un sol battu, bétonné si possible, et pavé pour faciliter la marche des animaux, qui glissent moins sur un pavage de briques que sur le ciment. Les briques ont l'inconvénient d'être assez fragiles. Les angles des portes, des murs, etc..., seront autant que possible arrondis pour éviter les blessures que pourraient se faire les bestiaux en se bousculant. L'aération doit être abondante, mais il ne faut pas que les courants d'air viennent frapper directement la tête des animaux, non plus que la lumière. Pour cela, les fenêtres s'ouvrent par le haut. Les murs seront lisses jusqu'à 1m50/2m, de façon à permettre le nettoyage et la désinfection. Des rigoles, faciles à nettoyer, permettant à l'urine et aux eaux de lavage de s'écouler rapidement.

Les locaux d'habitation des animaux sont abrités des vents

dominants, froids ou humides. Ils seront exposés, soit au nord si l'on est dans le midi, ou au midi si l'on est au nord. La température doit se maintenir entre 12 et 16°. On attribue le maximum aux animaux à l'engrais. Le fumier sera enlevé chaque jour, ou tout au moins deux fois par semaine, sauf pour le mouton, car le fumier de mouton est meilleur s'il reste quelque temps dans la bergerie.

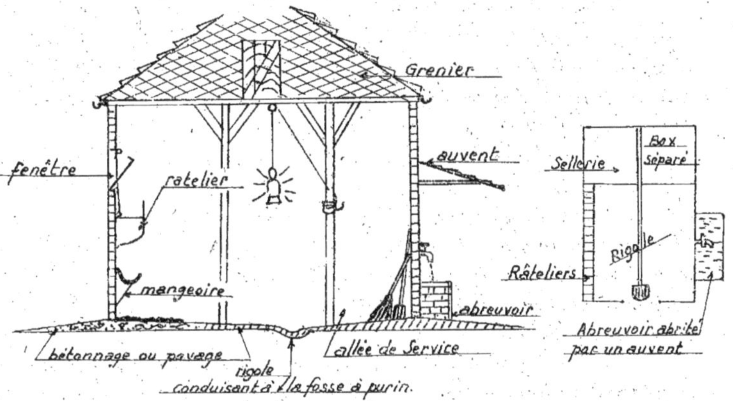

Plan d'une écurie telle qu'on peut en avoir dans une petite ferme.

Les râteliers seront autant que possible verticaux, car les poussières des fourrages ne tomberont pas sur la tête des animaux, ce qui peut occasionner des maladies des yeux. Les mangeoires, en ciment de préférence, seront arrondies pour faciliter le nettoyage qui doit avoir lieu à chaque repas.

Les portes auront au minimum 1m30 de large sur 2m30 de haut, de façon à permettre le passage d'un animal tout harnaché. Si l'étable ou l'écurie comporte plusieurs portes, il faut éviter de les mettre en communication, ce qui produit des courants d'air. Il ne doit y en avoir qu'une à la fois d'ouverte, sauf quand les animaux ne sont pas là ; l'espace nécessaire à un animal est de 2m.50 de long sur 1m.75 à 2m. Les mangeoires ne sont pas comprises dans ces chiffres ; il faut leur réserver 0m.50. La hauteur du plafond [illegible]

Les chevaux seront séparés par des bat-flancs mobiles ou si possible par des cloisons fixes. Il n'est pas nécessaire de séparer les bovins. Pour les porcs, la porcherie est divisée en loges, dans chacune desquelles on met quelques sujets, soit un seul, c'est le verrat ou bête à l'engrais, soit plusieurs dans les autres cas (mère et ses petits, etc).

Dans chaque exploitation, il serait désirable d'avoir un local séparé des autres, et divisé en 2 ou 3 ou plus, boxes complètement indépendants pour pouvoir isoler et soigner à part les sujets atteints de maladies contagieuses, ou trop malades pour supporter le bruit et le mouvement des étables ordinaires.

Il faut absolument, quand on construit les habitations des animaux, s'assurer d'une quantité suffisante d'eau potable. Dans les environs des grandes villes, le problème est aisé à résoudre. A la campagne, on devra organiser un abreuvoir de façon à pouvoir y renouveler fréquemment l'eau de boisson. Il ne faut pas perdre de vue que l'eau impure est un agent très actif de propagation des maladies.

L'eau de boisson des animaux devra être pure, aérée ; sa température sera celle du milieu où vivent les animaux. Les abreuvoirs seront d'un accès facile, et tenus toujours très propres.

Quant au fumier, on lui réservera un emplacement spécial. On a tout intérêt à mettre ce fumier sur des plate-formes spéciales, ou dans des fosses. Ces plate-formes seront bombées au centre, et munies tout autour d'un bourrelet empêchant les eaux de pluie d'atteindre le fumier. Elles doivent, par des rigoles et des trous grillés, communiquer avec la fosse à purin. Ci-après le plan des plate-formes de l'école de Rennes recevant le fumier de 35 bovins, 10 chevaux, 50 porcs.

Quand le tas I est prêt, on le charge sur des tombereaux et on l'épand. Pendant ce temps, le tas 2 achève de se faire, le tas 3 commence, et le tas 4 se monte, de façon que quand la plate-forme du tas I est vide, le tas 2 est prêt à être employé, le tas 3 en pleine fermentation, le tas 4 terminé. On monte alors un nouveau tas sur la plate-forme I, et on commence à employer

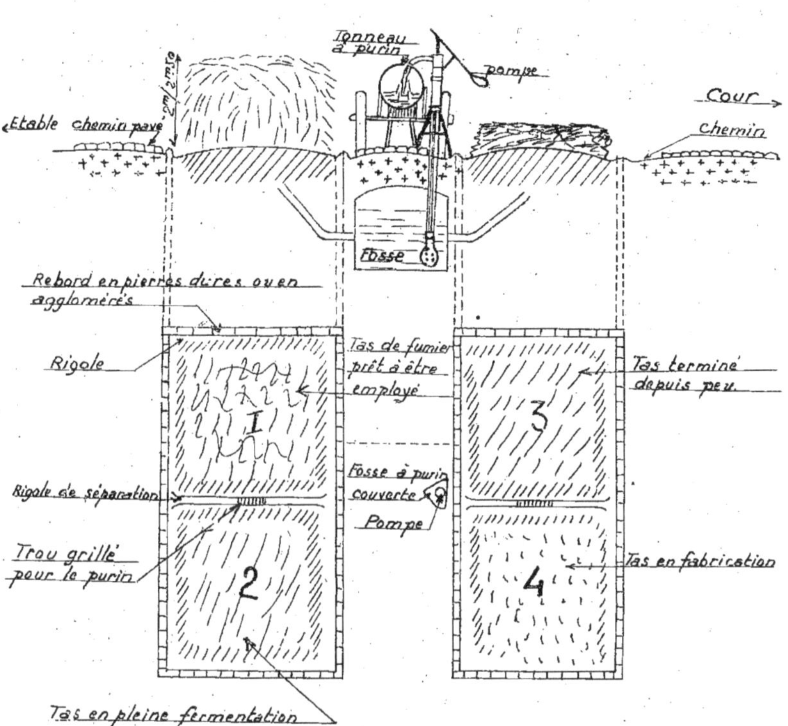

le tas 2, et ainsi de suite continuellement. Quand la fosse à purin est pleine, on épand le purin sur les prairies, les jeunes cultures, ou bien on arrose le fumier si l'on est en été. Cette méthode demandant beaucoup de travail, est cependant extrêmement avantageuse, car on a toujours un fumier prêt à l'emploi et d'une qualité sans égale si le tas a été bien fait. A ce sujet, on saura que le tas doit être terminé en dos d'âne. On le monte par couches successives, de façon qu'il ait partout et toujours la même hauteur, c'est-à-dire qu'il ne faut pas monter un des bouts du tas jusqu'à ce qu'il ait 2m.50 puis monter une autre partie, etc.; il faut le monter à la fois sur toute sa surface, et on le tasse énergiquement à mesure.

Il ne faut pas laisser les volailles s'éparpiller le fumier: elles le font sécher, moisir, y sèment dans leurs promenades des mauvaises herbes qu'on retrouvera dans les cultures, etc... Pour la même raison, on mettra le fumier de lapin à part, car il contient beaucoup de graines de mauvaises herbes. (On l'utilisera surtout pour le jardin.

10e Leçon

Notions de Sylviculture

La sylviculture est une science très délicate et très complexe. Nous allons essayer d'en donner succintement un aperçu.

Définitions diverses. On classe les essences forestières en bois feuillus (chêne, hêtre, etc.) et en bois résineux (pins, etc.)

On appelle brin de semence une jeune tige provenant d'une graine. Un rejet est produit par les bourgeons adventifs d'une souche tandis qu'un drageon est produit par les bourgeons adventifs des racines.

Une cépée est l'ensemble de ces rejets et drageons.

On nomme repeuplement l'ensemble des brins de semence, des rejets et des drageons, et peuplement ou massif l'ensemble d'un groupe d'arbres de même essence: un peuplement de bouleaux. On dit que le peuplement est serré si les branches des arbres s'entrelacent. Si au contraire on a des vides, on dit le peuplement clairiéré.

On appelle coupe la partie où l'on abat des arbres, et baliveaux les arbres gardés pour reproduire. Si on ne garde pas de baliveaux, on dit qu'on fait une coupe à blanc étoc.

On nomme futaie la forêt reconstituée par des arbres de semence. Lorsque les arbres qui composent la futaie ont un diamètre inférieur à 10 cm la futaie prend le nom de bas-perchis. Entre 10 et 20 cm on l'appelle perchis, et haut perchis si les arbres ont 20 à

25 cm.

Un taillis est une forêt qui se reproduit seulement par rejets ou drageons. Il est composé d'essences feuillues. On trouve souvent les taillis sous futaie.

La superficie boisée de la France est assez faible : pour 53.000.000 d'hectares de surface totale, on ne trouve que 9.500.000 hectares de bois et forêts. Le département des Landes est le plus riche à cet égard (47% de sa surface). Le moins boisé est la Seine.

Chiffres d'avant-guerre.
- Production annuelle de bois :
  - Bois d'œuvre : 7.200.000 m³
  - " de chauffage : 20.800.000 m³
- Valeur totale : 237.600.000 francs
- Rapport de l'ha : 878 f. en moyenne.

Au point de vue de la production forestière, la France peut se diviser en 3 zones :

1) La zone parisienne, de la Gironde à Maubeuge. On y trouve le chêne, l'orme, le frêne, le peuplier, le hêtre, le charme, etc...

2). La zone océanique (côtes Manche-Atlantique). On y rencontre le chêne-vert, le pin maritime.

3). La zone méditerranéenne, où les essences varient suivant les sols. En sol calcaire, on y trouve le pin d'Alep et le chêne-vert. En sol siliceux, on y rencontre (Esterel) le pin maritime, le chêne-liège, l'olivier, le merisier. Les bois de cette zone sont durs et crevassés en raison de la sècheresse du climat.

L'essence des forêts varie aussi suivant l'altitude. C'est ainsi que dans les Alpes, on trouve d'abord le hêtre, puis le pin, l'épicéa, le sapin.

Classification des arbres

Bois résineux
- Sapin
- Epicéa
- Mélèze
- Pin.

Bois feuillus
- Espèces venant bien en massifs.
  - Bois dur
    - Chêne
    - Chataignier
    - Hêtre
    - Charme

Bois feuillus (Suite)
- Espèces de dissémination (Arbres de lumière)
  - Bois dur : Frêne, Erable, Orme
  - Bois demi-dur : Bouleau, Aune
  - Bois tendre : Tilleul, Peuplier, Saule

Composition des massifs. La forêt naturelle possède, en général, un mélange de variétés. Ces arbres sont d'âge différent.

On appelle peuplement l'association d'arbres groupés suivant un âge déterminé sur une superficie également déterminée. Le peuplement est uniforme quand les arbres ont le même âge. Il est inégal dans le cas contraire. On le dit jardiné s'il est composé d'arbres différents disposés sans ordre. Il est composé et étagé si on y trouve des arbres de catégories différentes et d'âges divers. Il est pur s'il ne comprend qu'une seule essence, et mélangé, dans le cas contraire.

Le mélange suivant : hêtres + sapins, avec quelques arbres de lumière est excellent.

Si l'on mélange des chênes et des hêtres, on risque de voir les chênes étouffer l'autre espèce.

Exploitation. Sur les forêts de faible surface, on coupe au fur et à mesure des besoins, les arbres que l'on estime bons à couper. Si l'on a une grande surface de forêts, on compose une révolution, dont la durée varie suivant le genre d'arbres : en futaie, la révolution va de 60 à 100 ans, et en taillis de 10 à 30 ans. On divise la forêt en parcelles que l'on coupe tour à tour. Supposons une révolution de futaie de 80 ans : on divise la forêt, suivant sa surface et l'importance des besoins de bois, en 20 ou 40 parcelles, et on coupe successivement une parcelle tous les 4 ou tous les 2 ans, ce qui fait qu'au bout de 80 ans, durée de la révolution adoptée, la première parcelle est reconstituée. On garde généralement des porte-graines (baliveaux de réserve) sinon on sème des graines des espèces adoptées, ou bien on plante de jeunes sujets.

Entretien des forêts. Si les taillis sont trop épais, ou si les arbres de haute futaie se gênent, on supprime les plus mal venus. Si au contraire les forêts sont trop claires on les complète à l'aide de pins sylvestres.

Le mort-bois peut devenir gênant pour les jeunes sujets; il est de toute nécessité d'enlever la plus grande partie possible de ces mort-bois. Il faut émonder les grosses branches, et couper au ras du tronc les branches gênantes pour les arbres voisins. Quand on enlève une grosse branche, il faut autant que faire se peut, enduire la plaie de coaltar.

Dans les montagnes, on a avantage à faire de la culture sylvo-pastorale, qui consiste à alterner des bosquets boisés avec des pâturages. Les troupeaux ne devront pas avoir accès dans les parties boisées; pour cela on délimite celles-ci par des clôtures. L'épicéa et le hêtre sont surtout employés pour cette culture. Cette méthode a pour but d'empêcher le ravinement du sol par les vents, l'eau, etc... Les arbres font une consommation énorme d'eau et arrêtent le vent.

BOIS

Affouage.-

C'est une coutume qui consiste à délivrer aux habitants d'une commune le droit de couper dans les forêts communales une certaine quantité de bois de chauffage. Ces coupes, appelées coupes affouagères, sont réglées par l'Administration forestière et réparties entre les divers habitants de la commune par le conseil municipal. Elles sont exécutées par un entrepreneur spécial qui donne sa part à chaque ménage.

En ce qui concerne le bois d'œuvre, le conseil municipal a qualité pour décider si le bois sera vendu au profit de la caisse communale ou délivré en nature à chaque habitant.

Le droit d'affouage donne lieu à une taxe spéciale.

destinée à couvrir les frais de l'opération.

11e Leçon

Économie rurale

C'est la science qui s'occupe des conditions de la vie sociale des propriétaires et exploitants terriens. Elle a pour but de donner aux uns et aux autres une notion à peu près exacte de leurs droits et de leurs devoirs vis à vis les uns des autres, de leurs voisins, etc... Elle apprend aussi à connaître les institutions rurales, telles que comices, sociétés, syndicats, ayant pour but de faciliter l'existence des agriculteurs en leur faisant obtenir des avantages qu'ils ne pourraient atteindre isolément.

Propriété foncière. On appelle ainsi tout bien qui consiste en pièces de terre. En termes juridiques, cette propriété prend le nom de fonds.

Il existe trois modes principaux d'exploitation du fonds:

1o le faire-valoir direct;
2o le fermage;
3o le métayage.

Le premier de ces modes consiste en l'exploitation directe d'une propriété par le propriétaire lui-même, qui est alors absolument libre de diriger cette exploitation comme bon lui semble.

Le fermage consiste en l'abandon, par le propriétaire, à une autre personne appelée fermier de la jouissance de l'exploitation, moyennant un loyer. Le fermier dirige la culture à son idée, mais ne peut modifier quoi que ce soit dans le fonds sans l'autorisation du propriétaire. Celui-ci a le droit de juger si telle ou telle modification proposée par le fermier est utile ou non. Les bestiaux, instruments de culture, etc... sont la propriété du fermier qui en dispose comme il l'entend. Au surplus, différentes clauses apportées par l'une ou l'autre des parties peuvent figurer au bail ou acte de location, qui, signé du propriétaire et du fermier, constitue un recueil indiscutable des droits et des devoirs des deux parties. En cas de différend entre les parties, les clauses du bail ont force de loi.

En général, le fermier est libre de semer telle ou telle plante, d'apporter tel ou tel engrais sur telle ou telle partie de l'exploitation, pourvu qu'il rende au propriétaire, quand il quitte la ferme, le fonds en au moins aussi bon état qu'à son entrée. En cas de divergence d'opinion des deux parties, un ou plusieurs experts examinent le cas et jugent si la valeur de l'exploitation est inférieure ou égale, ou supérieure, à ce qu'elle était au moment du contrat passé entre le propriétaire et son fermier. Si la valeur du fonds est reconnue diminuée, le fermier aura à combler entre les mains de son propriétaire la différence de la valeur d'entrée avec celle de sortie.

Quant au métayage, il consiste en l'exploitation par un agriculteur, d'un fonds appartenant à une autre personne, avec les instruments, les animaux, les semences de ce propriétaire. Les bénéfices sont partagés, par parties égales le plus souvent, entre les deux parties contractantes. En un mot, l'un apporte son capital, et l'autre son travail.

Dans le métayage, le propriétaire a le droit d'imposer sa volonté en ce qui concerne le choix des plantes à cultiver, le mode de culture, les modifications aux bâtiments, les achats de semences, d'engrais, les ventes de bestiaux, etc...

D'ailleurs, comme dans le fermage, toutes ces conditions sont portées sur un contrat de métayage, sinon elles sont nulles et n'ont aucun effet.

Le métayage est une institution très utile, qui permet aux agriculteurs sans fortune, d'exercer leur métier avec plus de profits qu'en travaillant comme ouvriers, et donne aux propriétaires de bons bénéfices tout en leur permettant de coopérer à la conduite de leur exploitation avec une personne compétente et intéressée à la réussite de l'entreprise.

Institutions auxiliaires. Comprennent différentes institutions ayant pour but le développement de l'agriculture, ou plus souvent d'une contrée, ou d'une commune. Elles défendent les intérêts de la culture en général, de groupements agricoles, etc... Elles portent le nom de comices agricoles, coopératives, syndicats, sociétés d'agriculture, d'horticulture, de viticulture, d'élevage, etc. etc.

Comices agricoles. Ce sont des associations d'agriculteurs riches généralement, ayant comme but principal l'amélioration de l'agriculture, en général. Ils ont un bureau à leur tête formé d'un président, de vices-présidents, trésoriers, secrétaires, etc... Ils possèdent des statuts déposés conformément à la loi, statuts qu'ils sont tenus de respecter et de suivre.

Pour atteindre leur but, ils organisent des concours, des expositions, et décernent des prix aux lauréats. Ils donnent également des encouragements aux cultivateurs méritants, sous la forme de médailles, de primes en espèces, etc...

Coopératives et Syndicats. Les syndicats sont composés d'agriculteurs de toutes conditions qui se groupent dans le but de former une association leur permettant de défendre leurs intérêts, de se soutenir et s'entr'aider mutuellement. Par exemple, un syndicat, grâce aux cotisations, aux largesses des membres fortunés, peut acquérir des machines perfectionnées, trop coûteuses pour les petits cultivateurs, à qui elles sont prêtées à tour de rôle, à charge pour ceux-ci de les entretenir personnellement pendant leur utilisation par eux, et tous ensemble en général par leurs cotisations.

Les syndicats fondent très souvent une coopérative où, au plus bas prix possible, les cultivateurs, membres du syndicat trouveront des matières alimentaires, des vêtements, pièces de rechange, etc... Les bénéfices réalisés sont répartis annuellement et proportionnellement entre tous les syndiqués, ainsi que les pertes, si pertes il y a.

Ces institutions prennent généralement le nom de syndicats coopératifs agricoles. Ils ont des statuts, et sont administrés par un conseil élu par tous les syndiqués.

Sociétés diverses. Ont pour but l'amélioration de telle ou telle espèce animale ou végétale, et prennent alors différents noms : sociétés horticoles, viticoles, sociétés pour l'amélioration des chevaux de trait, pour l'amélioration des races canines, bovines, etc... ou sociétés colombophiles (pigeons) etc... etc...

Ces sociétés sont le plus souvent formées d'amateurs fortunés pour qui elles constituent une distraction, en même temps qu'elles sont un profit pour les cultivateurs-éleveurs de la région, et pour tout le pays, en général.

Elles sont souvent dirigées par les plus en vue de leurs membres, placés sous le haut patronage de personnages influents, et organisent des expositions, des promenades, des conférences, etc...

Etablissements d'enseignement agricole.

Se divisent en fermes écoles
en écoles pratiques
et en écoles nationales.

Les fermes-écoles sont des établissements privés, autorisés par l'Etat, qui donnent aux enfants des cultivateurs, l'enseignement pratique élémentaire de leur métier. Cet enseignement est gratuit ; l'élève qui le reçoit, donne en échange, son travail.

Les écoles pratiques, malgré leur nom, comportent dans leur programme une part (la moitié généralement) de théorie. Leur enseignement, plus complet, plus approfondi que celui des fermes-écoles, est payant, et dure deux ans. L'élève satisfaisant à tous ses examens au cours de ses études, et à l'examen final de sortie, reçoit un diplôme et des récompenses (médailles) du ministre de l'agriculture. Ces écoles sont sous le contrôle direct de l'Etat, sont dirigées et exploitées par des fonctionnaires éprouvés, nommés après concours par le Ministre. Des bourses d'études sont accordées aux candidats intéressants par le Ministère ou les Départements.

Les écoles nationales, au nombre de trois sont situées à Grignon (Paris) Montpellier et Rennes. Elles donnent un enseignement surtout théorique. La durée des études est de deux ans, et les élèves sortant après avoir satisfait à leurs examens reçoivent le titre d'ingénieurs agricoles. Les études sont payantes, et les candidats sont admis après un concours. Des bourses d'études sont également accordées.

Quant à l'Institut agronomique de Paris, il a surtout pour but de donner des professeurs, des savants, qui travaillent en laboratoire.

Statistiques officielles.

Sont établies par des fonctionnaires du Ministère de l'agriculture. Elles permettent à quiconque en a besoin, de se tenir au courant du mouvement des marchés et des foires, des variations dans la production du blé, du lin, des betteraves sucrières, du bétail, etc..., etc...

Elles sont établies dans chaque région par des Bureaux spéciaux du Ministère, puis servent à la confection de statistiques générales permettant de saisir d'un coup d'œil l'ensemble de la situation agricole de la France.

Le cultivateur avisé devra se tenir au courant des statistiques de sa région, qui lui permettront d'orienter son travail suivant les courants favorables. S'il voit, par exemple, que la production du blé est déficitaire, il s'efforcera d'en produire le plus possible, de même pour le bétail, etc... Si telle ou telle industrie prend de l'extension dans sa région (sucreries, distilleries, féculeries, tissages, etc...) il cultivera autant qu'il le pourra les plantes demandées par ces industries, car il sera certain de leur avoir un bon débouché.

Bref, l'agriculteur moderne devra continuellement se tenir au courant de ces statistiques, de même que, par quelques revues sérieuses, il se tiendra au courant des nouveautés agricoles ou zootechniques trouvées par les chercheurs qui travaillent à sa prospérité et à son bien être.

Fin.

Table des matières

L'ENSEIGNEMENT PAR CORRESPONDANCE

SES AVANTAGES — LES RAISONS DE NOTRE SUCCÈS

L'Enseignement par Correspondance est plus avantageux que l'enseignement oral : au point de vue pécuniaire, au point de vue du temps, au point de vue de l'élasticité et individualité.

Chez vous, sans vous déranger, vous recevez des leçons écrites de professeurs éminents, des devoirs bien présentés, parfaitement gradués, des corrections parfaites, des observations nombreuses.

Les Cours sont très bien imprimés; les dessins, quand il y en a, nettement tracés.

Le travail est alors un véritable plaisir.

Nous résumons succinctement les causes des brillants succès de l'Ecole. Les personnes désireuses d'être complètement renseignées sur son fonctionnement n'auront qu'à demander le **Programme officiel qui leur sera adressé gratuitement par la Direction.**

1° L'Ecole ne faisant aucun bénéfice sur son enseignement a pu établir des prix de préparation qu'aucun **établissement commercial** ne pourrait faire **à valeur égale d'enseignement.**

2° Étant la seule Ecole de ce genre qui **soit subventionnée** en raison de la haute valeur de son enseignement, et **recevant chaque année de nouvelles subventions,** le prix de ses préparations va sans cesse en diminuant tandis que le nombre des cours augmente continuellement.

3° Son personnel, très sévèrement sélectionné, ne se compose que de professeurs, d'ingénieurs ou d'officiers ayant tous une certaine célébrité par les travaux qu'ils ont faits.

4° **Les professeurs enseignent par Correspondance les cours qu'ils professent sur place. C'est la seule Ecole par correspondance qui jouisse de cet avantage.**

5° La moyenne des élèves reçus aux concours et examens a dépassé jusqu'ici 95 0/0.

6° Chacun peut s'instruire sans que personne ne le sache, **même en suivant des cours dans une autre Ecole.**

7° Tous les élèves se préparant aux carrières industrielles ou non reçus aux examens **sont rapidement placés par les soins de l'Ecole.**

8° Grâce aux nombreux ouvrages de l'Ecole (500 cours imprimés ou autographiés), réimprimés chaque année, les élèves ont non seulement les plus grandes facilités pour s'instruire, mais lorsqu'ils ont quitté l'Ecole, ils peuvent encore suivre très rapidement les progrès réalisés chaque jour dans la Mécanique ou les Sciences.

9° Les diplômes de l'Ecole sont très appréciés dans la Marine marchande et dans l'Industrie, à cause des capacités reconnues de nos élèves.

C'est d'ailleurs la seule Ecole qui délivre pour toutes les *branches de l'Industrie* des diplômes *à tous les Grades* **(Contremaîtres, Conducteurs, Sous-Ingénieurs, Ingénieurs).**

10° Les anciens Elèves sont groupés en Association, ce qui permet à tous les adhérents de la Société d'être prévenus immédiatement des divers avantages pouvant les intéresser. (*Demander les statuts.*)

11° Une revue technique mensuelle , qui a justement et très rapidement acquis une place dans la littérature technique, traite de sujets originaux et fort intéressants. Un bulletin mensuel est de plus l'organe de la Société des Anciens Elèves, qui le reçoivent **gratuitement.**

12° Les ouvrages de l'Ecole du Génie Civil sont adoptés par de **nombreuses Ecoles Industrielles et Maritimes (Ecole Arts et Métiers, Instituts Electro-Techniques, Ecoles de Mécaniciens, etc.).**

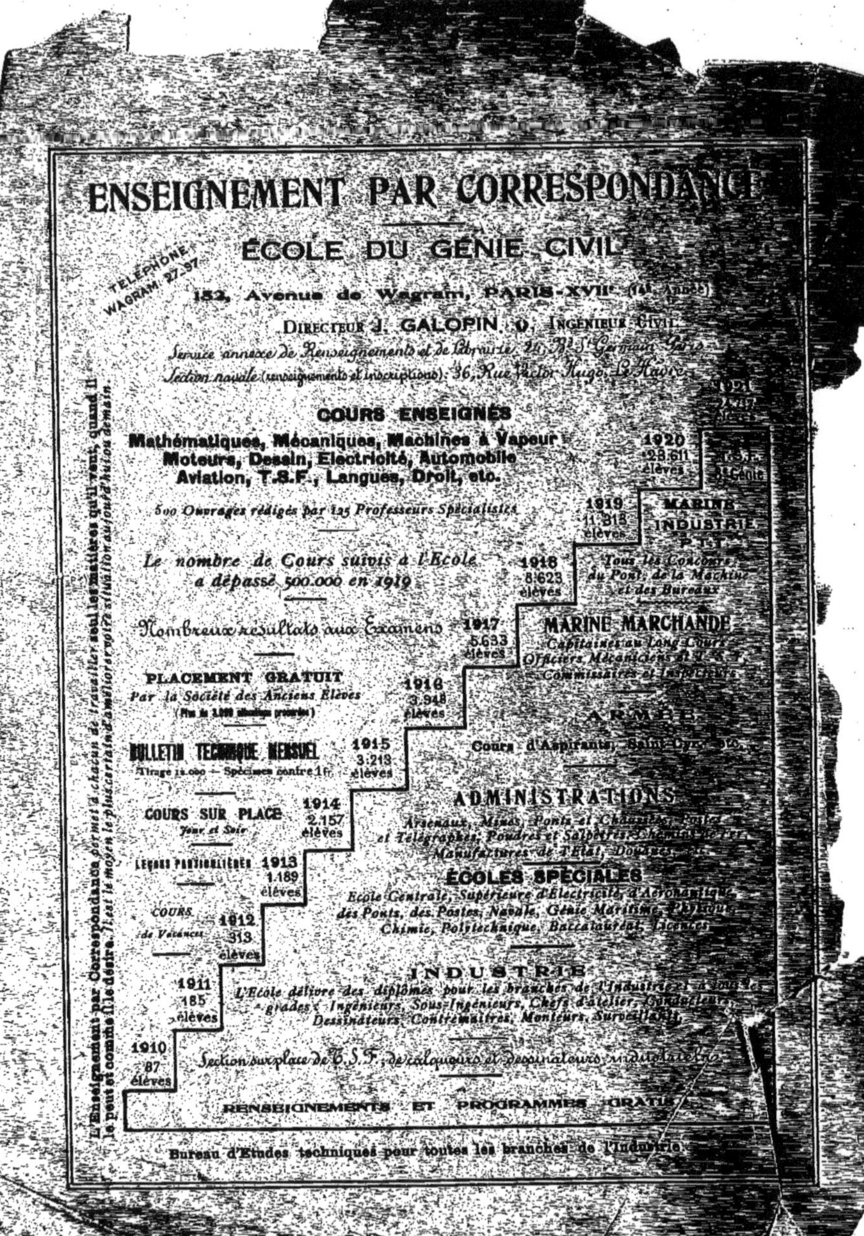

ENSEIGNEMENT PAR CORRESPONDANCE
ÉCOLE DU GÉNIE CIVIL
TÉLÉPHONE WAGRAM 27-97
152, Avenue de Wagram, PARIS-XVIIe (14e Année)
DIRECTEUR J. GALOPIN, INGÉNIEUR CIVIL
Service annexe de Renseignements et de Librairie 26, Bd St Germain Paris
Section navale (renseignements et inscriptions): 36, Rue Victor Hugo, Le Havre
COURS ENSEIGNÉS
Mathématiques, Mécaniques, Machines à Vapeur
Moteurs, Dessin, Electricité, Automobile
Aviation, T.S.F., Langues, Droit, etc.
500 Ouvrages rédigés par 125 Professeurs Spécialistes
Le nombre de Cours suivis à l'École a dépassé 500.000 en 1919
Nombreux résultats aux Examens
PLACEMENT GRATUIT
Par la Société des Anciens Élèves
BULLETIN TECHNIQUE MENSUEL
Tirage 12.000 — Spécimen contre 1f.
COURS SUR PLACE
Jour et Soir
LEÇONS PARTICULIÈRES
COURS de Vacances
1910 87 élèves
1911 185 élèves
1912 313 élèves
1913 1.189 élèves
1914 2.157 élèves
1915 3.213 élèves
1916 3.948 élèves
1917 5.633 élèves
1918 8.623 élèves
1919 11.313 élèves
1920 23.611 élèves
MARINE
INDUSTRIE
P.T.T.
Tous les Concours du Pont, de la Machine et des Bureaux
MARINE MARCHANDE
Capitaines au Long Cours
Commissaires et Inspecteurs
ARMÉE
Cours d'Aspirants, Saint-Cyr, etc.
ADMINISTRATIONS
Arsenaux, Mines, Ponts et Chaussées, Postes et Télégraphes, Poudres et Salpêtres, Chemins de fer, Manufactures de l'État, Douanes, etc.
ÉCOLES SPÉCIALES
École Centrale, Supérieure d'Électricité, d'Aéronautique, des Ponts, des Postes, Navale, Génie Maritime, Physique, Chimie, Polytechnique, Baccalauréat, Licences.
INDUSTRIE
L'École délivre des diplômes pour les branches de l'Industrie et à tous les grades: Ingénieurs, Sous-Ingénieurs, Chefs d'atelier, Conducteurs, Dessinateurs, Contremaîtres, Monteurs, Surveillants.
Section sur place de T.S.F., de calqueurs et dessinateurs industriels.
RENSEIGNEMENTS ET PROGRAMMES GRATIS
Bureau d'Études techniques pour toutes les branches de l'Industrie
L'Enseignement par Correspondance permet à chacun de travailler seul les matières qu'il veut, quand il le peut et comme il le désire. Il est le moyen le plus certain d'améliorer votre situation aujourd'hui ou demain.

www.ingramcontent.com/pod-product-compliance
Ingram Content Group UK Ltd.
Pitfield, Milton Keynes, MK11 3LW, UK
UKHW022121260726
13993UKWH00003B/1161

9 782329 039343